Sonderabdruck aus „Milchwirtschaftliche Forschungen", 11. Bd. 1/2. H.

ISBN 978-3-662-31465-4   ISBN 978-3-662-31672-6 (eBook)
DOI 10.1007/978-3-662-31672-6

MEINEN ELTERN GEWIDMET

Einleitung.

Die ältere Anschauung über die Stickstoffbestandteile der Milch kannte nur eine Eiweißart, die ganz allgemein als Käsestoff bezeichnet wurde. Die Kenntnis von der Existenz der 3 Eiweißstoffe der Milch und deren weiteren stickstoffhaltigen Bestandteile ist erst neueren Datums. Dies ist nicht weiter wunderlich, nachdem erst durch die klassischen Arbeiten von *Emil Fischer* und anderer Forscher Licht in die Chemie der Eiweißstoffe gebracht und der Boden zu systematischer Bearbeitung dieser Stoffe gelegt worden war. Besonderes Interesse wurde den genuinen Eiweißkörpern sowie deren Auf- und Abbauproduktion in wichtigen Körperflüssigkeiten wie Blut und Harn zugewandt. Im Laufe der Entwicklung der klinischen Chemie auf diesem Gebiete war die Übertragung der Versuchsziele auch auf Kuh- und Frauenmilch versucht worden. Die Anpassung und Ausarbeitung der Methodik für die qualitative und quantitative Bestimmung der verschiedenen Eiweißbausteine bzw. der sog. Reststickstoffsubstanzen der Milch war vor allem das Werk amerikanischer Forscher wie *Folin, Wu, van Slyke* u. a. Es ist dies eine Folge der Rangstellung, welche in Amerika der Milchwirtschaft und deren Erzeugnissen von jeher anerkannt wurde. Seit einigen Jahren wird auch bei uns in Deutschland dem Studium der nichtproteinartigen, stickstoffhaltigen Milchbestandteile größere Bedeutung zugemessen. Als Folge hiervon erschien eine Reihe von Abhandlungen, welche sich mit diesen jetzt als wichtig anerkannten Inhaltsstoffen der Milch, den Abbauvorgängen in der Käserei usw. befassen, wie *W. Grimmer, C. Kurtenacker* und *R. Berg*[1]: Zur Kenntnis der Serumeiweißkörper der Milch, dann weiterhin *B. Bleyer* und *O. Kallmann*[2]: Beiträge zur Kenntnis einiger bisher wenig studierter Inhaltstoffe der Milch (Kuhmilch) I.

Der Begriff Reststickstoff, zum erstenmal im Zusammenhang mit den Blut- und Harnuntersuchungen aufgestellt und hier in seiner klinischen Bedeutung erkannt, umfaßt die Gesamtheit aller nichteiweißartigen, stickstoffhaltigen Bestandteile der betreffenden serösen Flüssigkeit bzw. des betreffenden Sekretes. Man kann mit großer Berechtigung auch von einem Reststickstoff der Milch sprechen, wenn auch hier die Verhältnisse nicht so einfach liegen. Das Blutserum läßt sich leicht und ohne allzu grobe Eingriffe gewinnen. Bei der Milch sind jedoch zur restlosen Entfernung der Eiweiß- und eiweißartgen Körper Reagenzien von starker Koagulationswirkung nötig. Es ist hierbei zu befürchten, daß wegen des sehr labilen Proteinsystems der Milch bei der Bereitung des Serums mit den ursprünglichen Stickstoffbestandteilen Veränderungen vor sich gehen. In diesem Falle erhält man nicht mehr allein den anfänglich vorhandenen, präformierten Reststickstoff, sondern evtl. noch einen Zuwachs an nichteiweißartigem Stickstoff als Folge des gewaltsamen Eingriffes in das Gefüge der Milch.

Im Verlauf des letzten Jahrzehntes haben namentlich in der Biochemie Mikromethoden immer mehr Eingang gefunden. Wir waren daher bestrebt, auch bei vorliegender Arbeit von Mikro- bzw. Halbmikrobestimmungen reichlichst Gebrauch zu machen. Mustergültig muß die Mikromethodik von *L. Pincussen* zur quantitativen Bestimmung der Harn- und Blutbestandteile bezeichnet werden, die uns vielfach als Richtlinie diente.

Die Bearbeitung des Stoffes wurde in nachstehender Weise gegliedert.

A. Methodik zur Bestimmung der stickstoffhaltigen Bestandteile der Milch.
   I. Gesamtstickstoff der Milch.
  II. Eiweiß und eiweißartige Stoffe der Milch.
     1. Caseinstickstoff.
     2. Hitzekoagulabler Eiweißstickstoff, Albuminstickstoff.
     3. Gesamteiweißstickstoff.
     4. Albumosen- und Peptonstickstoff.
 III. 1. Der Reststickstoff der Milch bei verschiedenen Enteiweißungsverfahren.
     2. Methodik der Bestimmung des Reststickstoffes der Milch.
 IV. Die einzelnen Komponenten des Reststickstoffes.
     1. Aminosäurenstickstoff.
     2. Ammoniakstickstoff.
     3. Harnstoffstickstoff.
     4. Kreatin und Kreatinin.
     5. Harnsäure.

B. Anwendung der Methodik.
   I. Die Verteilung der stickstoffhaltigen Bestandteile der Milch normaler Zusammensetzung, Einzelgemelke, Sammelmilch.
  II. Die Veränderungen der stickstoffhaltigen Bestandteile der Milch anläßlich der Säuerung.
 III. Die Bewegung der stickstoffhaltigen Bestandteile der Milch durch Erhitzen der Milch.

A. Methodik zur Bestimmung der stickstoffhaltigen Bestandteile der Milch.

I. Gesamtstickstoff der Milch.

10 ccm Milch werden in einen 100-ccm-Meßkolben pipettiert und mit Wasser zur Marke aufgefüllt; 20 ccm der verdünnten Milch werden nach Zusatz von 7,5 ccm konzentrierter Schwefelsäure, etwas Kupferoxyd und Kaliumsulfat nach *Kjeldahl* verbrannt. Die Destillation des Ammoniaks erfolgt nach Zugabe von etwa 22 ccm Natronlauge (33proz.); vorgelegt werden 30 ccm $n/35$ Schwefelsäure, titriert mit $n/35$ Natronlauge. Indicator: Alizarinsulfosaures Natrium. Der ermittelte Wert des Stickstoffs wird auf 100 ccm Milch berechnet und in Milligrammprozent angegeben.

II. Eiweiß und eiweißartige Stoffe der Milch.
1. Caseinstickstoff.

Die Bestimmung des Caseinstickstoffes wurde in Anlehnung an das Verfahren von *Robertson* — Abscheidung des Caseins in essigsaurer Lösung — durchgeführt. Bei richtig gewählter Verdünnung der Milch und sorgfältig durchgeführter Koagulation des Eiweißstoffes erzielt man eine genügend grobflockige Ausfällung und ein vollständig klares Filtrat.

In einen 100-ccm-Meßkolben werden 10 ccm Milch abpipettiert, bis zur Marke mit Wasser aufgefüllt und kräftig durchgemischt. Entsprechend 2 ccm Vollmilch pipettiert man hierauf 20 ccm der verdünnten Milch in ein 50-ccm-Becherglas und gibt unter ständigem Umrühren möglichst langsam 3 ccm $n/10$ Essigsäure zu. Das Eiweißgerinnsel wird auf einem Filter gesammelt (Schleicher und Schüll Nr. 589, Blauband oder 602 hart) und mit destilliertem Wasser gut ausgewaschen. Filter samt Inhalt wird nach Zusatz von 7,5 ccm konzentrierter Schwefelsäure kjeldahlisiert. Die Verbrennung hat anfänglich bei niederer Flamme zu erfolgen, sie muß sehr vorsichtig und langsam durchgeführt werden. Empfehlenswert ist die Zugabe einiger Tropfen Perhydrol gegen Ende der Verbrennung, damit auch die letzten Reste organischer Substanz noch oxydiert werden. Es sollten diese Gesichtspunkte bei sämtlichen Kjeldahlanalysen beachtet werden. Für die Destillation des Ammoniaks werden 30 ccm $n/35$ Schwefelsäure vorgelegt, die Titration mit $n/35$ Natronlauge mit alizarinsulfosaurem Natrium (0,5proz. Lösung) als Indicator durchgeführt. Berechnung auf 100 ccm Vollmilch in Milligrammprozent.

Bei stark gesäuerten Milchen kann man von einer Zugabe der Essigsäure Abstand nehmen. Ist man im Zweifel, ob in diesem Falle die Ausfällung des Caseins bereits quantitativ vor sich gegangen ist, so gibt man nach der Vorschrift von *Hoppe-Seyler* tropfenweise $n/10$ Essigsäure zu, bis kein weiteres Casein mehr ausgefällt wird. Die optimale Grenze des Fällungs-p_H darf nicht wesentlich überschritten werden (isoelektrischer Punkt des Caseins $p_H = 4,6$), da sonst die Möglichkeit der teilweisen Lösung des aufgeflockten Caseins in Säure besteht.

2. Hitzekoagulabler Eiweißstickstoff.

Hinsichtlich der Methodik der Bestimmung des hitzekoagulablen Eiweißstickstoffs der Milch bestehen zum Teil noch sehr verschiedenartige Ansichten, die selbst in Lehrbüchern immer wieder auftauchen. Das genuine Albumin der Milch ist ein hydrophiles Kolloid. Selbst im isoelektrischen Punkt ist seine Dispersität so groß, daß es ohne Erhitzung der Milch zu keiner Ausflockung kommen kann, es bleibt daher bei der Essigsäurefällung des Caseins in Lösung. Erst durch hinzutretende Wärme wird es denaturiert, d. h. entladen und verliert seine Quellungsfähigkeit, wobei es mehr den Charakter eines Suspensionskolloides annimmt und im isoelektrischen Punkt ($p_H = 4,4$) in Flocken ausfällt. Bleibt letzterer unbeachtet und wird ungenügend erwärmt, so gibt es nur eine unvollständige Ausflockung, eine milchige getrübte Suspension.

Kritik der verschiedenen Verfahren zur Abscheidung des Albuminstickstoffs der Milch. Wie schon erwähnt, besteht hinsichtlich der Art der Abscheidung des Albuminstickstoffs der Milch im Schrifttum noch große Zwiespältigkeit. *Grimmer* empfiehlt in seinem Lehrbuch „Milchwirtschaftliches Praktikum" die Abscheidung des Albumins und Globulins mittels Almenscher Gerbsäurelösung oder statt dieser die Abscheidung mit Phosphorwolframsäure. Nach seiner Ansicht ist das Verfahren von *Hoppe-Seyler*, Abscheidung des Albumins und Globulins durch Erhitzen in essigsaurer Lösung, unbrauchbar, da hierbei, wie *Grimmer, Kurtenacker* und *Berg* nachgewiesen haben, stets nur ein Teil der durch Gerbsäure und durch Phosphorwolframsäure fällbaren Substanzen ausfällt. Vielleicht wäre es aber doch zweckmäßiger, hinsichtlich der Abscheidung des Albumins und Globulins sich auf eine Methode zu einigen, die der Fähigkeit der Hitzegerinnung dieser beiden Eiweißkörper Rechnung trägt und wobei auch der für die Ausflockung erforderliche Säuregrad bzw. das erforderliche p_H möglichst berücksichtigt wird. Die Phosphorwolframsäurefällung gibt zweifelsohne höhere Werte, aber es werden dadurch auch Stoffe peptonartiger Natur abgeschieden. Im nachstehenden ist die Wirkungsweise der bekannteren „albuminfällenden Reagenzien" näher erläutert.

In dem Filtrat der Caseinfällung mittels Essigsäure wurde die Abscheidung des Albumins und Globulins einerseits durch Hitzekoagulation und andererseits durch Fällung mit Gerbsäure, Zugabe von 6 ccm Almens Reagens, und durch Phosphorwolframsäure bewerkstelligt. Für die Phosphorwolframsäurefällung wurden 1,4 ccm 20proz. Phosphorwolframsäure zu dem noch mit 1 ccm 10proz. Schwefelsäure angesäuerten Filtrat gegeben. Zwecks Abscheidung des Albumins durch Hitzekoagulation wurde das essigsaure Caseinfiltrat auf dem kochenden Wasserbad 30 Minuten lang erhitzt, dann nach Zugabe von 0,5 ccm $n/_{10}$-Essigsäure über freier Flamme noch kurz aufgekocht. Das Ergebnis der Versuche ist in nachstehender Tabelle verzeichnet.

Tabelle 1.
Albumin- + Globulinstickstoff in Milligrammprozent des caseinfreien Essigsäureserums.

Probe	Art der Abscheidung des Albumins		
	Hitzekoagulation mg%	Zugabe von Gerbsäure mg%	Zugabe von Phosphorwolframsäure mg%
1	55,1	—	79,3
2	60,5	94,2	95,0
3	61,5	93,6	95,6
4	63,4	92,6	94,6
5	64,4	87,5	88,5
6	69,5	96,1	97,3
7	72,4	—	105,1
8	74,4	103,7	105,7

Gleichzeitig wurde auch der Einfluß verschiedener Mengen der Fällungsreagenzien Gerbsäure und Phosphorwolframsäure beobachtet. Tab. 2 bringt die Ergebnisse dieser Versuche.

Tabelle 2.
Albumin- + Globulinstickstoff in Milligrammprozent des caseinfreien Essigsäureserums bei Zugabe wechselnder Mengen der Reagenzien.

Fällungsmittel			
Gerbsäure		Phosphorwolframsäure	
Zugabe ccm	Albuminstickstoff mg%	Zugabe ccm	Albuminstickstoff mg%
0,5	82,2	0,4	82,2
1,0	82,4	0,8	84,2
2,0	83,2	1,2	84,2
4,0	83,6	1,4	84,4
6,0	83,6	1,6	83,5
8,0	83,2	2,0	81,1
10,0	82,8	2,4	81,1
12,0	82,3	2,8	81,0

Wie aus der Zusammenstellung ersichtlich ist, darf die Menge des zugesetzten Reagenses nicht außer acht gelassen werden. Zu wenig Reagens bewirkt unvollständige Abscheidung des Eiweißkörpers, überreichlicher Zusatz bewirkt anscheinend teilweise Lösung des gefällten Eiweißkörpers. Dieses Verhalten trifft namentlich für Phosphorwolframsäure zu.

Die Wirkung der verschiedenartigen Abscheidung des Albumins läßt sich auch an den Mengen des in dem jeweiligen Filtrat verbliebenen Reststickstoffs erkennen, wie aus den Ergebnissen nachstehender Versuche ersichtlich ist.

Tabelle 3.
Albuminstickstoff und Reststickstoff in Milligrammprozent des caseinfreien Essigsäureserums.

	Art der Abscheidung des Albumins					
	Hitzekoagulation		Gerbsäure		Phosphorwolframsäure	
	Milch I mg%	Milch II mg%	Milch I mg%	Milch II mg%	Milch I mg%	Milch II mg%
Albuminstickstoff . . .	63,4	75,4	87,5	103,7	88,5	105,7
Reststickstoff	71,4	84,7	46,2	54,3	43,2	53,3
Summe	134,8	160,1	133,7	158,0	131,7	159,0
Gesamtstickstoff des Ser.	133,9	159,1	133,9	159,1	133,9	159,1

Den Tab. 1—3 ist zu entnehmen, daß je nach Art der gewählten Abscheidung sehr unterschiedliche Werte für Albuminstickstoff (statt der Bezeichnung Albumin- + Globulinstickstoff wird weiterhin nur mehr die

Bezeichnung Albuminstickstoff gebraucht, da in normaler Milch die Menge des Globulins außerordentlich gering ist) erhalten werden. Während beispielsweise die Hitzekoagulation des Essigsäureserums bei Milch II 75,4 mg Albuminstickstoff ergab, erhielt man mittels Gerbsäure- und Phosphorwolframsäurefällung bei derselben Milch 103,7 bzw. 105,7 mg, also wesentlich mehr. Die Fällung mit Phosphorwolframsäure erwies sich regelmäßig etwas wirksamer gegenüber der Fällung mit Gerbsäure, eine Feststellung, die auch *Grimmer* erwähnt. Durchschnittlich beträgt die durch Hitzekoagulation erhaltene Menge Albuminstickstoff etwa 70—75% gegenüber der Menge des durch Gerbsäure oder Phosphorwolframsäure abgeschiedenen Stickstoffs.

Dem Albumin als hitzekoagulabler Eiweißstoff entspricht seine Abscheidung in essigsaurer Lösung durch Erhitzen. Es können daher die durch Fällung mit Gerbsäure und Phosphorwolframsäure erzielten höheren Stickstoffwerte nicht Anspruch auf die Bezeichnung Albuminstickstoff haben, denn es werden durch die genannten Reagenzien auch noch Körper eiweißartiger Natur, Peptone usw., mitgefällt. Daß in dem durch Essigsäure und Erhitzen casein- und albuminfrei gemachten Filtrat durch die Alkaloidreagenzien noch Fällungen zu erzielen sind, geht aus nachstehenden Versuchen hervor.

Tabelle 4.
Nachfällungen im casein- und albuminfreien Essigsäureserum.

	Art der Fällung		
	Gerbsäure mg%	Phosphorwolframsäure mg%	Natriumwolframat und Trichloressigsäure mg%
Ausgefällter Stickstoff	31,1	32,2	33,5
Stickstoffgehalt des Filtrates (Reststickstoff)	42,2	41,2	39,2
Summe	73,3	73,4	72,7
Gesamtstickstoff des Serums . .	71,4	71,4	71,4

Aus der Zusammenstellung ist ersichtlich, daß in dem vom Albumin befreiten Filtrat durch die 3 Reagenzien noch erhebliche Mengen Stickstoff ausgefällt werden können. Diese Stickstoffmenge ist bei der Fällung mittels Natriumwolframat-Trichloressigsäure erkennbar beträchtlicher gegenüber der Fällung mit den beiden vorausgegangenen Reagenzien, der Stickstoffgehalt des bei dieser Fällung erhaltenen Filtrates dementsprechend geringer.

Die in den Tab. 2—4 verzeichneten Werte für Reststickstoff lassen erkennen, daß dieser Bezeichnung dem jeweiligen Enteiweißungsverfahren entsprechend verschiedentliche Werte zukommen. Die beträchtlichste Menge Reststickstoff ergibt naturgemäß das Filtrat der Hitzekoagulation des Albumins in Hinblick auf den zwar niedrigeren, aber zweifelsohne richtigeren Wert für Albumin. Nach erfolgter Hitzekoagulation wurden gemäß Tab. 3 Milch II im Filtrat noch 84,7 mg Stickstoff ermittelt. Dieser Wert liegt dem von *Bleyer* angegebenen, nach gemeinsamer Abscheidung der genuinen Eiweißstoffe durch Essigsäure-Hitzekoagulation ermittelten Reststickstoffwert wesentlich näher als etwa die Werte der entsprechenden Gerbsäure- oder Phosphorwolframsäurefällungen. Im folgenden wird die im Filtrat der Essigsäurehitzekoagulation, also nach vorausgegangener Abscheidung von Casein und Albumin, ermittelte Stickstoffmenge als *Gesamtreststickstoff* oder *Reststickstoff im weiteren Sinne des Wortes* bezeichnet werden, da letzterer neben den eigentlichen, molekular gelösten Komponenten des Reststickstoffs, wie Aminosäuren, Harnsäure, Kreatin, Kreatinin usw., noch Stickstoffbestandteile der Milch eiweißartiger Natur, die Albumosen und Peptone enthält.

Die Bestimmung des Albuminstickstoffs wurde wie nachstehend ausgeführt.

2a. Bestimmung des Albuminstickstoffs.

Das in einem 100 ccm-Becherglas gesammelte und durch Auswaschen des gefällten Caseins mit destilliertem Wasser auf etwa 40 ccm gebrachte Filtrat der Caseinfällung wird zunächst 30 Minuten lang in ein kochendes Wasserbad gestellt, worauf alsbald Trübung auftritt. Nach Ablauf der angegebenen Zeit setzt man noch 0,5 ccm $n/10$ Essigsäure zu und bringt unter stetem Umrühren den Inhalt des Becherglases auf freier Flamme kurz zum Aufkochen. Das koagulierte Albumin setzt sich am Boden des Gefäßes ab. Die überstehende Flüssigkeit erscheint vollkommen klar. Nach dem Abkühlen wird das ausgeflockte Albumin auf einem Filter gesammelt (siehe Casein) und mit etwas warmem destilliertem Wasser nachgewaschen. Das Filtrat wird in einem 150 ccm-Becherglas aufgefangen; sollte es nicht ganz klar sein, was selten zutrifft, so gibt man es zweckmäßig nochmals auf das Filter zurück. Filter samt Inhalt werden dann in bekannter Weise unter Zusatz von 7,5 ccm konzentrierter Schwefelsäure nach *Kjeldahl* verbrannt. Als Vorlage für die Ammoniakdestillation genügen 10 ccm $n/35$ Schwefelsäure, sofern man von 2 ccm Milch ausgegangen ist. Titration wie bei der Caseinbestimmung.

3. Bestimmung des Gesamteiweißstickstoffs.

Zuweilen ist es wünschenswert, die Gesamtmenge der genuinen Eiweißstoffe der Milch (Casein, Albumin und Globulin) gemeinsam zu bestimmen. Die Ausführung erfolgt zweckmäßig nach dem Schererschen Verfahren in Anlehnung an die Vorschrift, die *Bleyer* gibt.

20 ccm der 10fach verdünnten Milch werden in ein Becherglas von 100 ccm Inhalt gegeben und unter ständigem Umrühren langsam 3 ccm $n/10$-Essigsäure hinzugefügt. Es erfolgt die Abscheidung des Caseins, das sich nach Aufhören der Bewegung auf den Boden absetzt. Hierauf gibt man 20 ccm destilliertes Wasser hinzu, um die Fällungsbedingungen für Albumin möglichst günstig zu gestalten, bringt das Gefäß in ein kochendes Wasserbad, beläßt es 30 Minuten darin, fügt

dann noch 0,5 ccm $n/_{10}$-Essigsäure zu und läßt auf freier Flamme kurz aufkochen. Nach dem Abkühlen wird das Eiweißgerinnsel auf einem Filter gesammelt (siehe Casein), mit heißem Wasser gut ausgewaschen und Filter samt Inhalt unter Zusatz von 7,5 ccm konzentrierter Schwefelsäure kjeldahlisiert. Für die Ammoniakdestillation werden 30 ccm $n/_{35}$-Schwefelsäure vorgelegt, titriert wie bisher.

4. Albumosen- und Peptonstickstoff.

Zwischen den genuinen Eiweißstoffen der Milch und dem Reststickstoff der Milch, sofern man hierunter die molekular gelösten stickstoffhaltigen Bestandteile der Milch versteht, stehen noch stickstoffhaltige Körper eiweißartiger Natur, die man als Albumosen und Peptone bezeichnet. Im allgemeinen stellen letztere ein mit Sicherheit kaum zu trennendes und entwirrendes Gemisch der verschiedensten Polypeptide dar. Die Systematik der Eiweißstoffe zählt sie nicht mehr zu den Proteinen, sie sind aber auch nicht als letzte Abbauprodukte der eigentlichen Eiweißstoffe anzusprechen. In dieser eigenartigen Stellung auch ihre chemischen und physikalischen Eigenschaften begründet. Das Vorhandensein derartiger polypeptidartiger Komplexe in Milch wird zum Teil in Abrede gestellt, zum Teil auch anerkannt. Trotz mancher entgegenstehender Ansichten wurde auch in vorliegender Arbeit die Unterscheidung des Polypeptidgemisches in Albumosen und Peptone durchgeführt.

Die Trennung der Albumosen von den Peptonen geschieht bekanntlich durch Aussalzen der Albumosen mittels Zinksulfat. Aus dem hierbei erhaltenen Filtrat können dann die Peptone mittels Phosphorwolframsäure ausgefällt werden.

Es wurde zunächst versucht, *Albumosen und Peptone durch ein gemeinsames Gruppenreagens abzuscheiden*. Aus dem Essigserum wurde zunächst Albumin 1. durch Hitzekoagulation, 2. durch Gerbsäure und 3. durch Phosphorwolframsäure abgeschieden und dann die von diesen Fällungen erhaltenen Filtrate mit 1 ccm 10 proz. Natriumwolframatlösung und 1 ccm 20 proz. Trichloressigsäurelösung versetzt, um zu erfahren, in welchem Maße dieses kombinierte und daher verschärfte Reagens fähig ist, stickstoffhaltige Bestandteile aus den Filtraten der Hitzekoagulation, der Gerbsäure- und Phosphorwolframsäurefällung noch abzuscheiden. Die Ergebnisse sind in nachstehender Tabelle verzeichnet.

Tabelle 5.
Gemeinsame Abscheidung von Albumosen- und Peptonstickstoff in casein- und albuminfreien Filtraten.

	Albumin abgeschieden durch		
	Hitzekoagulation mg%	Gerbsäure mg%	Phosphorwolframsäure mg%
Albuminstickstoff	69,5	96,1	97,3
Albumosen- und Peptonstickstoff, abgeschieden durch Nawo-Tri . . .	45,7	23,9	23,6
Stickstoffrest im Filtrat der Nawo-Tri-Fällung	36,3	29,9	27,7
Summe	151,5	149,9	148,6

Die Hitzekoagulation ergab wie bisher einen wesentlich geringeren Wert für Albuminstickstoff gegenüber der Abscheidung des Albumins durch Gerbsäure und Phosphorwolframsäure. Dagegen konnte im Filtrat der Hitzekoagulation wesentlich mehr Stickstoffsubstanz mittels Natriumwolframat-Trichloressigsäure abgeschieden werden als in den Filtraten der Gerbsäure- und Phosphorwolframsäurefällung. Die an und für sich kräftigere Enteiweißung des caseinfreien Serums durch Gerbsäure und Phosphorwolframsäure ergibt sich nicht nur aus den geringeren Werten für Albumosen- und Peptonstickstoff in den Filtraten dieser Fällungsmittel, sondern auch aus den niedrigeren Werten 29,9 und 27,7 mg% des Stickstoffrestes in den Filtraten der Natriumwolframat Trichloressigsäurefällungen, gegenüber 36,3 mg% bei der Hitzekoagulation.

Getrennte Bestimmung des Albumosen- und Peptonstickstoffs. Es wurden zu diesem Zweck die Albumosen mittels Zinksulfat in dem casein- und albuminfreien Essigsäureserum (Hitzekoagulation) ausgesalzen und in dem von den Albumosen befreiten Filtrat der Peptonstickstoff durch Zugabe von Phosphorwolframsäure bestimmt. Der im Filtrat dieser Fällung noch verbliebene Rest stickstoffhaltiger Substanz wurde ebenfalls bestimmt. Gleichzeitig wurde wiederum die gemeinsame Abscheidung der Albumosen und Peptone wie vorausgehend durchgeführt. Nachstehende Tabellen lassen die Ergebnisse erkennen.

Tabelle 6. *Getrennte Bestimmung des Albumosen- und Peptonstickstoffs.*

Albumosenstickstoff (Aussalzen d. ZnSO$_4$) . . 50,2 mg% {30,1 mg%
Peptonstickstoff (Fäll. d. Phosphorwolframsäure)   {20,1 mg%} 72,1 mg%
Reststickstoff . . . . 21,9 mg%}
Gesamtstickstoff . . . . 72,4 mg%

	Gemeinsame Abscheidung des Albumosen- und Peptonstickstoffs aus dem casein- und albuminfreien Filtrat durch	
	Gerbsäure mg%	Phosphorwolframsäure mg%
Albumosen- + Peptonstickstoff	31,1	32,2
Reststickstoff	42,2	41,2
Summe	73,3	73,4

Der Vergleich der Reststickstoffwerte in Tab. 6 läßt den beträchtlich hohen Wert für Reststickstoff bei gemeinsamer Abscheidung des Albumosen- und Peptonstickstoffs erkennen. Der durch Fällung mit Gerbsäure oder Phosphorwolframsäure erhaltene Polypeptidstickstoff beläuft sich nach Tab. 6 auf 31,1 bzw. 32,2 mg%, wogegen die getrennte Bestimmung des Albumosen- und Peptonstickstoffs zusammen 50,2 mg% ergab. Es ist daher anzunehmen, daß in den hohen Reststickstoffzahlen, wie sie die Fällung mit Gerbsäure oder Phosphorwolframsäure ergeben haben, neben den wirklichen Bestandteilen des Reststickstoffs auch noch ein Teil Stickstoff polypeptidartiger Natur inbegriffen ist. Es schien daher angebracht, den Polypeptidstickstoff getrennt als Albumosen- und Peptonstickstoff zu bestimmen.

4a. Bestimmung des Albumosenstickstoffs.

Die Bestimmung des Albumosenstickstoffs in dem casein- und albuminfreien Essigsäureserum gestaltet sich folgendermaßen.

Das Filtrat der Albuminfällung (S. 11) wird in einem 150 ccm-Becherglas mit 1 ccm einer 10proz. Schwefelsäure angesäuert und die Lösung mit etwa 60 g krystallisiertem Zinksulfat gesättigt. Mit Rücksicht auf die eintretende starke Abkühlung wird die Lösung des Sulfates durch leichtes Erwärmen unter ständigem Umrühren beschleunigt. Geht kein weiteres Zinksulfat mehr in Lösung, so läßt man über Nacht stehen. Die Albumosen beginnen sich nach einiger Zeit auszuscheiden und halten sich in feinen Flocken in der Flüssigkeit schwebend. Die Ausscheidung wird vorsichtig auf einem Filter gesammelt und mit wenig gesättigter Zinksulfatlösung nachgewaschen. Das Filter nebst Inhalt wird in bekannter Weise unter Zusatz von 7,5 ccm konzentrierter Schwefelsäure nach *Kjeldahl* verbrannt. Für die Destillation des Ammoniaks werden 10 ccm $n/35$-Schwefelsäure vorgelegt. Durch Multiplikation der gefundenen Stickstoffmenge mit 50 erhält man den Albumosenstickstoff in Milligrammprozent.

4b. Bestimmung des Peptonstickstoffs.

Das Filtrat der Albumosenfällung, etwa 80—90 ccm, wird in einem 150 ccm-Becherglas mit 4 ccm konzentrierter Schwefelsäure zwecks Verhütung der Abscheidung unlöslicher Zinkverbindungen angesäuert. Dann werden unter Umrühren 20 ccm einer 10proz. Phosphorwolframsäurelösung zugegeben. Es tritt in der Regel fast augenblicklich Trübung auf, nach längerem Stehen scheiden sich die Peptone aus und setzen sich auf dem Boden ab. Am nächsten Tag erscheint die überstehende Flüssigkeit vollkommen klar. Die Ausscheidung wird wieder auf einem Filter (siehe Caseinbestimmung) gesammelt, mit 30proz. Schwefelsäure sorgfältig nachgewaschen und hierauf Filter samt Inhalt nach Zugabe von 7,5 ccm konz. Schwefelsäure nach *Kjeldahl* verbrannt. Für die Destillation des Ammoniaks genügt eine Vorlage von 10 ccm $n/35$-Schwefelsäure. Durch Multiplikation der erhaltenen Stickstoffmenge mit 50 erhält man den Peptonstickstoff in Milligrammprozent, da man von 2 ccm Milch ausgegangen ist.

III.

1. Der Reststickstoff der Milch bei den verschiedenen Enteiweißungsverfahren.

Die Ergebnisse der Untersuchungen in den vorhergehenden Abschnitten ließen es bereits als sicher erkennen, daß die Menge des Reststickstoffs der Milch wesentlich von der Art der vorgenommenen Enteiweißung der Milch abhängig ist. Es war daher erforderlich, die verschiedenartig herzustellenden Milchseren auf ihren Gehalt an Reststickstoff zu prüfen. Es ist bereits an anderer Stelle darauf hingewiesen worden, daß man von einem *Reststickstoff im weiteren Sinne des Wortes* sprechen kann, sofern letzterer auch noch den Polypeptidstickstoff umfaßt. Beschränkt man jedoch den Begriff auf die molekular gelösten Stickstoffbestandteile ohne Einbeziehung des Polypeptidstickstoffes, so würde es sich als zweckmäßig erweisen, hierfür die Bezeichnung *Reststickstoff im engeren Sinne des Wortes* einzuführen.

Für die in den nachstehenden Abschnitten angeführten Versuche wurde Sammelmilch bekannter Herkunft genommen, so daß die erzielten Werte gute Durchschnittszahlen darstellen dürften.

1. Kalialaunserum.

Nach Angaben von *Grimmer*[1] verfährt man zwecks Herstellung des Kalialaunserums folgendermaßen: 150 ccm Milch werden in einem Becherglas auf 40° erwärmt, mit 15 ccm gesättigter Kalialaunlösung unter kräftigem Umschütteln der Milch versetzt und der Inhalt des Becherglases auf eine Nutsche gegeben. Nach wiederholtem Absaugen erhält man ein klares Filtrat, das Kalialaunserum, von dem ein äquivalenter Teil zur Stickstoffbestimmung nach *Kjeldahl* genommen wird. Nachstehende Tabelle läßt den Wirkungsgrad der Enteiweißung der Milch mittels Kalialaun erkennen.

Tabelle 7.
Stickstoffgehalt des Kalialaunserums in Milligrammprozent.

Kalialaunserum	Filtratstickstoff nach Behandlung des Alaunserums mittels		
	Erhitzung	Phosphorwolframs.	Gerbsäure
137,1 mg%	49,6 mg%	30,0 mg%	30,0 mg%

Die Enteiweißung ist ungenügend, wie aus dem hohen Stickstoffgehalt des Serums ersichtlich ist. Es wird überwiegend nur das Casein abgeschieden. Durch Erhitzung des Kalialaunserums oder durch Zugabe von Phosphorwolframsäure oder Gerbsäure konnten noch beträchtliche Mengen Stickstoff ausgeschieden und dadurch der Stickstoff in den betreffenden Filtraten wesentlich vermindert werden. Genannte Reagenzien erwiesen sich auch hier wiederum kräftiger hinsichtlich der Abscheidung des Polypeptidstickstoffs aus dem Kalialaunserum als die Erhitzung des letzteren; für die Bestimmung des Reststickstoffs der Milch scheidet das Kalialaunserum aus, nachdem es noch hitzekoagulables Eiweiß enthält.

2. Essigsäureserum nach Robertson.

In einen 250-ccm-Meßkolben werden 40 ccm Milch pipettiert, mit 150 ccm Wasser verdünnt und unter beständigem Umrühren 60 ccm $n/10$ Essigsäure langsam zugegeben. Das durch Absaugen von dem Koagulum erhaltene Filtrat ist sehr klar. Tab. 8 gibt Aufschluß über den Grad der Enteiweißung der Milch bei diesem Verfahren.

Tabelle 8.
Stickstoffgehalt des Essigsäureserums in Milligrammprozent.

Essigsäureserum nach *Robertson*	Filtratstickstoff nach Behandlung des Serums mittels		
	Erhitzung	Gerbsäure	Phosphorwolframs.
120,0 mg%	49,2 mg%	29,6 mg%	30,1 mg%

Da die Fällung bei Zimmertemperatur vorgenommen wurde, so kam nur das Casein zur Abscheidung. Durch Erhitzung des Serums oder durch Zugabe von Gerbsäure oder Phosphorwolframsäure zu dem Serum werden noch beträchtliche Mengen Stickstoffsubstanz ausgefällt. Für die Bestimmung des Reststickstoffs kommt auch dieses Serum nicht in Betracht, nachdem es noch hitzekoagulables Eiweiß enthält.

3. Tetraserum.

Nach den Angaben von *Pfyl*[3] wird folgendermaßen verfahren: In einen 250-ccm-Meßkolben gibt man 50 ccm Milch, verdünnt mit 100 ccm Wasser und setzt 20 ccm Tetrachlorkohlenstoff unter kräftigem 5—10 Minuten langem Umschütteln zu. Hierauf gibt man 4 ccm einer Essigsäure hinzu von bestimmter Konzentration (4 ccm 20proz. Essigsäure auf 50 ccm verdünnt) und schüttelt abermals kräftig durch. Ein völlig klares Filtrat konnte trotz wiederholten Absaugens nicht erhalten werden.

Tabelle 9.
Stickstoffgehalt des Tetrachlorkohlenstoffserums in Milligrammprozent.

Tetrachlor-kohlenstoffserum	Filtratstickstoff nach Behandlung des Serums mittels	
	Erhitzung	Gerbsäure
130,4 mg%	48,0 mg%	32,2 mg%

Der saure Charakter der Fällung bewirkt auch hier lediglich nur eine Abscheidung des Caseins. Demzufolge bleibt der Stickstoffgehalt des Serums sehr hoch. Durch Erhitzen und Zugabe von Gerbsäure lassen sich auch aus diesem Serum wieder beträchtliche Mengen von Stickstoff abscheiden, wie der verminderte Gehalt der Filtrate an Stickstoff erkennen läßt.

4. Chlorcalciumserum.

25 ccm Milch werden in einem 125-ccm-Meßkolben mit 0,25 ccm einer Chlorcalciumlösung ($s = 1,1375$) versetzt, kräftig vermischt und dann 15 Minuten in ein siedendes Wasserbad gestellt. Nach sofortigem Abkühlen wird mit destilliertem Wasser auf die Marke aufgefüllt und filtriert. Die Bestimmung des Reststickstoffs im Serum ergab 32,6 mg. Dieser Wert kommt ziemlich dem Durchschnittswert für Reststickstoff nahe, eine Eignung des Serums für die Bestimmung des Reststickstoffs in der Milch ist jedoch nur bedingt gegeben.

5. Serum nach Weiß.

In einem 200-ccm-Meßkolben werden 20 ccm Milch mit etwas dest. Wasser verdünnt, hierauf 10 ccm einer 20proz. Aluminiumsulfatlösung sowie 8,5 ccm einer 2 n-Natronlauge zugegeben. Nach dem Auffüllen mit dest. Wasser auf die Marke wird filtriert, das erhaltene Serum ist stets vollkommen klar. Reststickstoffgehalt 31,8 mg%. Das Serum nach *Weiß*[4] findet hauptsächlich zur Bestimmung des Milchzuckergehaltes Verwendung.

6. Zinkhydratserum.

Kowarsky nimmt zur Enteiweißung des Blutes Zinkhydrat zu Hilfe. Für die Enteiweißung der Milch ist es zweckmäßig folgendermaßen zu verfahren: Zu 100 ccm einer 0,45proz. Zinksulfatlösung und 20 ccm einer $^n/_{10}$-Natronlauge läßt man langsam und unter Umschütteln 5 ccm Milch fließen und stellt den Meßkolben 10 Minuten lang in ein kochendes Wasserbad. Nach dem Abkühlen filtriert man, wobei man ein vollkommen klares Filtrat erhält. Die Enteiweißung der Milch ist zweifelsohne eine sehr gründliche, der Reststickstoff beträgt im Durchschnitt 26,0 mg%.

7. Serum nach Denis und Minot.

Ein sehr geeignetes Serum für die Bestimmung des Reststickstoffs ist das Serum nach *Denis* und *Minot*[5]. Außer der völligen Enteiweißung der Milch sieht dieses Verfahren auch noch die Entfernung des Milchzuckers vor. In einen 100-ccm-Meßkolben werden 10 ccm Milch gegeben, mit etwa 50 ccm dest. Wasser verdünnt und hierauf 20 ccm einer 10proz. Kupfersulfatlösung zugesetzt, welche durch Zusatz von 2,5 ccm $^n/_{10}$ Schwefelsäure als 0,005 normal in bezug auf Acidität erscheint. Das Ganze wird hierauf 20 Minuten in einem siedenden Wasserbad erhitzt, nach dem Abkühlen auf die Marke aufgefüllt und filtriert. 75 ccm dieses Filtrates werden alsdann in einem 100-ccm-Meßkolben mit 1 ccm 30proz. Formaldehyd sowie 20 ccm einer 10proz. Calciumoxydsuspension versetzt. Nach 30 Minuten langem Stehenlassen bei Zimmertemperatur füllt man auf die Marke auf und filtriert wiederum. In das klare, farblose Filtrat werden 0,8 g einer Mischung von 5 Teilen gepulverter Oxalsäure und 2 Teilen gepulverten Kaliumoxalats gegeben. Hierauf wird nochmals filtriert und zum Filtrat ein kleines Oxalsäurekrystall gebracht. Der Reststickstoffgehalt dieses Serums wurde im Durchschnitt zu 25,1 mg% festgestellt. Alle bisher im Schrifttum gemachten Angaben über die Größe des Reststickstoffes der Milch bewegen sich um diesen Wert. Die mit dem Serum von *Denis* und *Minot* erhaltenen Reststickstoffwerte können zweifelsohne als Standardwerte betrachtet werden; bedauerlicherweise ist die Herstellung des Serums ziemlich umständlich.

8. Phosphorwolframsäure- und Trichloressigsäureserum.

25 ccm Milch werden in einen Meßkolben von 250 ccm gegeben, mit etwa 75 ccm dest. Wasser verdünnt und unter kräftigem Durchmischen 10 ccm einer 50proz. Schwefelsäure sowie 20 ccm einer 20proz. Phosphorwolframsäurelösung zugesetzt. Nach dem Auffüllen mit Wasser zur Marke wird filtriert. Die Filtrate sind stets sehr klar, der Reststickstoff beträgt durchschnittlich 28,6 mg%.

Das Trichloressigsäureserum wird erhalten, indem man in einem 200-ccm-Meßkolben 20 ccm Milch mit 130 ccm dest. Wasser verdünnt und unter kräftigem Umschütteln 50 ccm einer 20proz. Trichloressigsäure zugibt. In dem nach dem Filtrieren erhaltenen Serum wurde der Reststickstoff zu 31,2 mg% bestimmt.

9. Natriumwolframat-Trichloressigsäureserum.

Eine Kombination der beiden vorausgehenden Enteiweißungsverfahren. In einem 200-ccm-Meßkolben werden 20 ccm Milch auf etwa $^3/_4$ des Kolbeninhaltes mit dest. Wasser verdünnt und je 8 ccm einer 20proz. Trichloressigsäurelösung und einer 10proz. Natriumwolframatlösung zugesetzt, auf die Marke aufgefüllt und filtriert. Das Serum ist stets beim ersten Filtrieren vollkommen klar. Die erhaltenen Reststickstoffwerte bewegten sich in einer Reihe von Milchproben zwischen 23,4 und 26,9 mg%.

Die erhaltenen Werte liegen zum Teil noch unter jenen des Serums nach *Denis* und *Minot* und man kann wohl annehmen, daß diese kombinierten Reagenzien die erreichbar weitgehendste Enteiweißung der Milch ermöglichen. Man darf sich jedoch bei der Anwendung derart kräftig wirkender Enteiweißungsmittel nicht der Erkenntnis verschließen, daß auch Bestandteile des Reststickstoffs mitgefällt werden können. Die Phosphorwolframsäure schlägt bekanntlich auch Hexonbasen nieder, nicht eiweißartige stickstoffhaltige Substanzen basischer Natur, deren Vorkommen in der Milch wiederholt festgestellt wurde. Durch Beschränkung der zugegebenen Menge des Fällungsmittels kann jedoch einer Fällung der Hexonbasen vorgebeugt werden.

Das Serum eignet sich vorzüglich für die Bestimmung des Reststickstoffs der Milch sowie auch der Harnsäure, wie späterhin noch ausgeführt wird.

10. Ultraserum.

Die mildeste Art der Enteiweißung stellt die sog. Ultrafiltration der Milch dar. Je nach der Porengröße der Filter wird die Enteiweißung der Milch eine kräftigere oder weniger kräftigere sein und damit auch der Stickstoffgehalt der Ultrafiltrate ein verschiedenartiger sein.

Für die Versuche wurden de Haens Membranfilter mit folgender Porengröße verwendet: Membranfilter grob, dicht für Kolloidteilchen mit einem Durchmesser von über 1 μ; Ultrafeinfilter fein, dicht für Kolloidteilchen unter einem Durchmesser von 0,05—0,1 μ; Ultrafeinfilter feinst, kongorot- und eiweißdicht. Die Wirksamkeit der einzelnen Filtersorten ist aus dem Gehalt der Seren an Stickstoff in nachstehender Tabelle zu erkennen.

Tabelle 10. *Stickstoffgehalt von Ultraseren in Milligrammprozent.*

Verwendete Filterart	Ultraseren mg%	Stickstoff der Filtrate nach Behandlung des Serums mittels		
		Erhitzung mg%	Gerbsäure mg%	Trichloressigsäure und Na-Wolframat mg%
Membranfilter grob . .	106,3	67,8	35,7	35,0
Ultrafeinfilter fein . .	91,4	67,3	31,3	29,8
Ultrafeinfilter feinst .	68,6	64,0	28,8	28,9

Die selbst bei der Filtration mit „Ultrafeinfilter feinst" erhaltenen Stickstoffwerte 68,6 mg% liegen noch beträchtlich über dem Durchschnittswerte, etwa 25 mg%, für den Reststickstoff der Milch. Durch zweimaliges Filtrieren der Milch, und zwar zunächst mittels des „Membranfilters grob" und des dabei erhaltenen Serums mittels des „Ultrafeinfilters feinst" konnte bei einer anderen Milchprobe der Reststickstoffwert von 44,6 auf 25,0 mg%, also auf einen normalen Wert gebracht werden. So wertvoll es wäre, diese überaus milde Art der Enteiweißung der Milch für die Bestimmung des Reststickstoffs verwenden zu können, so muß doch das Verfahren für die Praxis wegen des zu beträchtlichen Zeitaufwandes ausscheiden.

11. Alkoholseren.

Besondere Beachtung wurde der Enteiweißung der Milch mittels Alkohols geschenkt. Dabei wurde versucht, durch Variation der Fällungsbedingungen die Koagulation möglichst günstig zu gestalten. Die Herstellung eines Serums unter Zuhilfenahme von Alkohol ist denkbar einfach.

a) *Gewöhnliche Alkoholfällung:* In einem 250-ccm-Meßkolben werden 25 ccm Milch mit 5 g Magnesiumsulfat versetzt und unter Umschütteln mit 96proz. Alkohol bis zur Marke aufgefüllt. Das Filtrat muß vollkommen klar sein. Ein Teil dieses Serums wurde 10 Minuten in einem kochenden Wasserbad erhitzt, es trat keine Trübung auf.

Sowohl in den erhitzten wie in den nicht erhitzten Alkoholseren wurden Nachfällungen mit den bekannten Alkaloidreagenzien vorgenommen. Die Ergebnisse sind in nachfolgender Tabelle verzeichnet.

Tabelle 11. *Reststickstoff des Alkoholserums bzw. der Filtrate in Milligrammprozent.*

Alkoholserum nicht erhitzt			Alkoholserum erhitzt		
Alkoholserum	Filtratstickstoff der Nachfällungen mit		Alkoholserum	Filtratstickstoff der Nachfällungen mit	
	Gerbsäure	Trichloressigsäure u. Natriumwolframat		Gerbsäure	Trichloressigsäure u. Natriumwolframat
26,9 mg%	26,9 mg%	25,0 mg%	26,9 mg%	26,9 mg%	24,8 mg%

Wie zu ersehen ist, vermag eine nachträgliche Erhitzung des Alkoholserums keine weitere Ausfällung an stickstoffhaltigen Substanzen zu bewirken. Ebenso wird durch Zugabe von Gerbsäure zu dem Alkoholserum keinerlei Änderung im Stickstoffgehalt des Filtrates herbeigeführt. Durch Zusatz von Natriumwolframat und Trichloressigsäure zu dem Alkoholserum wird der Stickstoffgehalt des letzteren noch um ein Geringes vermindert (wahrscheinlich Fällung von Hexonbasenstickstoff). Auch bei einem anderen Versuch machte sich die Wirkung der Zugabe von Natriumwolframat-Trichloressigsäure zu dem Alkoholserum bemerkbar. Bei einem ursprünglichen Stickstoffgehalt des letzteren von 26,4 mg% wurde nach der Fällung in dem Filtrat noch ein Reststickstoff von 20,6 mg% ermittelt.

b) *Enteiweißung der Milch mittels Alkohol bei verschiedener Wasserstoffionenkonzentration.* Der innige Zusammenhang zwischen Enteiweißung und Wasserstoffionenkonzentration der Milch ließ es angebracht erscheinen, den Einfluß der letzteren auf die Alkoholgerinnung der Milch näher zu untersuchen. Es wurde zu diesem Zweck nach den Angaben von *Michaelis* eine Reihe von Pufferlösungen bestimmter p_H

hergestellt. Zunächst wurde die Fällungswirkung bei verschiedenem p_H mit und ohne Alkoholzugabe beobachtet. Bei den Versuchen ohne Alkohol wurden zu 1 ccm Milch 5 ccm der Pufferlösung und bei den Alkoholfällungen noch 4 ccm Alkohol zugegeben. Die Versuche ergaben, daß eine höhere Wasserstoffzahl ($p_H = 4$—$4,4$) auch ohne Alkoholzusatz völlige Gerinnung der Milch hervorzurufen vermochte. Durch Zugabe von 96 proz. Alkohol wurde die Ausflockung durch Pufferlösungen geringerer Wasserstoffzahlen ermöglicht. Besonders rasch und deutlich vollzog sich dabei die Ausflockung bei $p_H = 4,4$—$4,6$, während die Pufferlösungen allein, ohne Zusatz von Alkohol bei $p_H = 4,0$—$4,4$ am intensivsten ausflockten. In ähnlicher Weise wurde auch der Einfluß von 70-, 50- und 30 proz. Alkohol auf die Gerinnung der Milch verfolgt. Dabei ergab sich, daß, je geringer die Alkoholkonzentration ist, desto enger der Bereich des Fällungsoptimums umgrenzt wird (70 proz. Alkohol $p_H = 4$—$4,6$, 50 proz. Alkohol $p_H = 4$—$4,4$), und daß die Ausflockung schließlich bei Zusatz von 30 proz. Alkohol auf $p_H = 4$—$4,2$ beschränkt bleibt.

Bei entsprechend hoher Wasserstoffzahl der Pufferlösung tritt an und für sich Gerinnung der Milch auch ohne Alkoholzusatz ein. Da durch die Zugabe von Pufferlösung die Alkoholkonzentration vermindert wird, so wird namentlich bei Verwendung von Alkohol geringerer Konzentration die Enteiweißung der Milch immer unvollkommener, wie die Aufzeichnungen in nachstehender Tabelle erkennen lassen.

Tabelle 12.
Reststickstoff der Alkoholseren bei verschiedener Alkoholkonzentration und variiertem p_H.

Alkoholkonzentration %	Mit Pufferlösung			Ohne Pufferlösung aus anderen Milchproben
	$p_H = 4,2$ mg%	$p_H = 4,4$ mg%	$p_H = 4,6$ mg%	mg%
96	42,3	37,3	39,7	20,1, 19,4, 25,4
70	79,3	75,4	79,1	
50	127,1	125,3	128,5	

c) *Alkoholfällung bei Zugabe von Magnesiumsalzen.* In einer weiteren Versuchsreihe wurde die ausflockende Wirkung zweiwertiger Kationen auf Eiweißlösung durch Zugabe von Magnesiumsalz zu Milch mit gleichzeitiger Alkoholzugabe beobachtet. Einerseits wurde festes Salz in verschiedenen Mengen, andererseits wechselnde Mengen einer 20 proz. Lösung von Magnesiumsulfat verwendet. Alkohol 96 proz. Es zeigte sich, daß die Zugabe des Magnesiumsulfats in Lösung sich ungünstig gegenüber der Zugabe des Sulfates in fester Form auswirkte, wie aus nachstehender Zusammenstellung ersichtlich ist.

Tabelle 13. *Filtratstickstoff der Alkoholfällungen in Milligrammprozent bei Zugabe von Magnesiumsulfat. Gesamtvolumen des Fällungsgemisches 50 ccm.*

$MgSO_4$ zugegeben in Form von	Krystall. Salz			20 proz. Lösung			
Zugegebene Menge	0,5 g	1,0 g	1,5 g	1,0 ccm	2,5 ccm	5,0 ccm	7,5 ccm
Reststickstoff . . .	26,4 mg%	25,4 mg%	25,7 mg%	40,0 mg%	31,1 mg%	28,6 mg%	30,4 mg%

Jede irgendwie verursachte Verringerung der Alkoholkonzentration bringt eine ungenügende Koagulation des Eiweißes mit sich, welche auch durch die gleichzeitige Zugabe von Magnesiumsalz nicht verbessert werden kann.

Durch Zugabe von 20 proz. Trichloressigsäurelösung und 10 proz. Natriumwolframatlösung zu den Filtraten der Alkoholfällungen ließ sich der Stickstoffgehalt wiederum reduzieren. Die erzielte Verringerung der Reststickstoffwerte der Filtrate war zum Teil ziemlich erheblich, z. B. 23,7 mg% Reststickstoff im Filtrat der Nawo-Trichloressigsäurefällung gegenüber 27,8 mg% Reststickstoff im Alkoholserum; wahrscheinlich ist die Verringerung wieder auf die Ausfällung von Hexonbasenstickstoff zurückzuführen.

Bei Verwendung von *absolutem Alkohol* und *Magnesiumsulfat* war die Enteiweißung der Milch noch etwas kräftiger. So ergab sich für ein und dieselbe Milchprobe 31,1 mg% Reststickstoff bei Verwendung von 96 proz. Alkohol und 27,4 mg% Reststickstoff bei Verwendung von absolutem Alkohol. Ein Verdünnungsverhältnis 1:10 der Milch zum Fällungsvolumen (1 Teil Milch auf 9 Teile Alkohol) hatte sich als zweckmäßig erwiesen. Versucht man unter anderen Bedingungen auszuflocken, so muß auch der Zusatz des Magnesiumsulfats der Änderung angepaßt werden. Bei einem Verdünnungsverhältnis von 1:5 (1 Teil Milch und 4 Teile absoluter Alkohol) ist z. B. die doppelte Menge an Magnesiumsulfat anzuwenden. Am günstigsten gestalten sich die Fällungsverhältnisse bei Zusatz von 2 g Magnesiumsulfat zu 10 ccm Milch und Zugabe von Alkohol zu 100 ccm Gesamtvolumen. Ein richtig bemessener Zusatz von Magnesiumsulfat hat auf die Fällung einen äußerst günstigen Einfluß, wie alle Versuche bewiesen haben.

d) *Alkoholfällung bei Zusatz von Natriumsulfat.* Eine Zugabe von Natriumsulfat zu Milch vor der Fällung mit Alkohol übt unter bestimmten Bedingungen ebenfalls eine günstige Wirkung auf das Ergebnis aus (unterstützende Wirkung der Alkoholfällung des Caseins und Albumins der Milch durch Aussalzen der Eiweißstoffe). Die Fällungen wurden mit absolutem Alkohol durchgeführt.

Hierzu wurden einmal in einem 50 ccm-Meßkolben 5 ccm Milch und dazu 1 g Natriumsulfat gegeben, hierauf mit absolutem Alkohol aufgefüllt und kräftig durchmischt, das andere Mal wurde ohne Zusatz von Natriumsulfat gefällt. Weiterhin wurde die Milch in beiden Fällen das eine Mal vor Zugabe des Salzes mit 5 ccm destilliertem Wasser verdünnt, das andere Mal wurde von einer Wasserzugabe abgesehen. Die Ergebnisse sind in nachstehender Tabelle verzeichnet.

Tabelle 14. *Stickstoffgehalt der Filtrate der Alkoholfällungen mit und ohne Natriumsulfatzugabe, sowie mit und ohne Wasserzusatz.*

Ohne Zugabe von Na_2SO_4		Zugabe von 1 g Na_2SO_4		Essigsäure-Hitzefällung
Milch mit 5 ccm Wasser verdünnt	ohne Wasser	Milch mit 5 ccm Wasser verdünnt	ohne Wasser	
32,6 mg%	30,4 mg%	24,6 mg%	31,1 mg%	73,1 mg%

Die Enteiweißung der mit Wasser auf das doppelte Volumen verdünnten Milch ist bei Natriumzugabe deshalb vollständiger gegenüber der nichtverdünnten Milchprobe, weil das Natriumsulfat in der verdünnten Milch sich eher lösen konnte und damit der Einfluß der Ionen auf die Eiweißfällung eher zur Geltung kam.

Während somit ein Zusatz von Magnesium- oder Natriumsulfat die fällende Wirkung des Alkohols kräftig zu unterstützen vermochte, bewirkte ein Zusatz von *Magnesiumchlorid* eine Trübung, die auch im Filtrat bestehen blieb. Derartige Filtrate konnten für die colorimetrische Bestimmung des Reststickstoffs nicht verwendet werden. Bei *Erhitzung* der mit *Alkohol und Magnesiumsulfat* versetzten Milch auf Siedetemperatur des Alkohols unter Verwendung eines Rückflußkühlers zeigte sich eine durchaus ungünstige Einwirkung der höheren Temperatur auf die Alkoholgerinnung. Der Reststickstoffgehalt der erhitzten Proben war merklich höher als jener der nichterhitzten Proben.

Zusammenfassend läßt sich über die *Enteiweißung der Milch mittels Alkohol* unter den verschiedensten Bedingungen folgendes sagen. Die günstigsten Ergebnisse werden durch Zusatz von Magnesiumsulfat zur Milch vor der Zugabe des Alkohols erzielt; die ausflockende Wirkung zweiwertiger Kationen unterstützt die Ausflockung der Eiweißstoffe der Milch mittels Alkohol. Auch ein vorhergehender Zusatz von Natriumsulfat verbessert die Koagulationswirkung des Alkohols. Die Zugabe der Sulfatmenge muß den Milchmengen angepaßt werden, am günstigsten erwies sich ein Zusatz von 2 g Magnesiumsulfat zu 10 ccm Milch, wobei das Gesamtvolumen durch Zugabe von Alkohol auf 100 ccm gebracht wurde. Bei Verwendung von Natriumsulfat ist eine geringe der Fällung vorhergehende Verdünnung der Milch angezeigt, um eine bessere Lösung des Salzes zu ermöglichen; es muß jedoch die Fällung dann mit absolutem Alkohol vorgenommen werden.

Die gegenseitige Wechselbeziehung zwischen Alkoholgerinnung der Milch und Wasserstoffionenkonzentration brachte es mit sich, daß bei der Kombination Alkohol-Pufferlösung eine bessere Koagulation erzielt wurde als bei alleinigem Gebrauch der jeweiligen Pufferlösung. Die durch die Beigabe der Pufferlösung nicht zu vermeidende Verdünnung des Alkohols läßt die an und für sich günstige Wirkung einer geeigneten

Pufferlösung nicht voll zur Wirkung kommen, so daß schließlich in bezug auf die Enteiweißung der Milch doch unbefriedigende Resultate erhalten werden. Die Verminderung der Alkoholkonzentration durch Verwendung von 70-, 50- und 30 proz. Alkohol, bei gleichzeitiger Erhöhung der Wasserstoffionenkonzentration der Milch auf ein optimales Fällungs-p_H hat ebenfalls eine stetig unvollkommener werdende Ausflockung der Eiweißkörper im Gefolge. Je mehr man durch den Zusatz bestimmter Pufferlösungen dem isoelektrischen Punkt des Caseins näher kommt, unter gleichzeitiger Verringerung der Alkoholkonzentration, um so mehr wird die Enteiweißung der Milch den Charakter einer einseitigen Caseinfällung annehmen, während die Ausflockung des Albumins der Milch infolge der beträchtlich verringerten Alkoholkonzentration immer mehr zurückgedrängt wird.

Will man jedoch die Alkoholfällung für die Bestimmung des Reststickstoffes der Milch durchführen, so empfiehlt sich folgende Arbeitsweise: In einen 100-ccm-Meßkolben gibt man 2 g zerriebenes Magnesiumsulfat, pipettiert 10 ccm Milch hinzu, schüttelt gut durch und wartet etwas zu, bis eine teilweise Lösung des zugegebenen Salzes eingetreten ist. Hierauf füllt man unter ständigem kräftigem Umschütteln mit 96 proz. Alkohol auf die Marke auf und filtriert. Die in diesem Serum erhaltenen Reststickstoffwerte können neben den durch Verwendung von Natriumwolframat und Trichloressigsäure als Fällungsmittel erhaltenen Reststickstoffzahlen Anspruch darauf erheben, mit den in der Literatur bisher bekannten Werten für Reststickstoff der Milch am ehesten übereinzustimmen.

Auswahl geeigneter Seren für die Bestimmung des Reststickstoffs der Milch. Rückblickend auf die in dem vorhergehenden Abschnitt durchbesprochenen Methoden der Enteiweißung der Milch, ergibt sich die Tatsache, daß nur wenige der Seren für den ihnen zugedachten Zweck brauchbar sind. Nachstehende Zusammenstellung läßt die Wirkungsweise verschiedener Verfahren zur Enteiweißung der Milch erkennen.

Tabelle 15. *Stickstoffgehalt der verschiedenen Milchseren in Milligrammprozent.*

Kalialaunserum	137,1
Tetrachlorkohlenstoffserum	130,4
Essigsäureserum nach Robertson	120,0
Ultrafiltration, grob	106,3
Ultrafiltration, fein	91,4
Ultrafiltration, fein, feinst	68,6
Essigsäureserum-Hitzeserum	49,2
Chlorcalciumserum	32,6
Weißserum	31,8
Trichloressigsäureserum	31,2
Phosphorwolframsäureserum	28,6
Zinksulfatserum	26,7
Serum nach Denis und Minot	25,0
Natriumwolframat-Trichloressigsäureserum	23,4
Alkoholserum	20,1

Wie aus der Tabelle ersichtlich, ist bei mehreren der Seren die erzielte Enteiweißung eine hinreichend gute; die hiezu verwendeten Fällungsreagenzien schließen jedoch das Serum für die Bestimmung nicht des Reststickstoffs, wohl aber für die Bestimmung des einen oder anderen seiner Komponenten aus. Für die Ermittlung des *Gesamtreststickstoffes, schlechthin Reststickstoff der Milch zu nennen*, kann nur das *Essigsäure-Hitzeserum* in Betracht kommen, während für die Bestimmung des *Reststickstoffs der Milch im engeren Sinne* des Wortes das *Natriumwolframat-Trichloressigsäureserum* das geeignetste sein dürfte. Im folgenden sei eine eingehende Darstellung der Gewinnung der beiden genannten Seren und der Bestimmung des Reststickstoffs der Milch gegeben.

2. Methodik der Bestimmung des Reststickstoffs in Milch.

1. *Gesamtreststickstoff:* Herstellung des Essigsäure-Hitzeserums 1:10.

In einen 250-ccm-Meßkolben pipettiert man 25 ccm Milch, verdünnt mit etwa 100 ccm dest. Wasser und läßt langsam 5 ccm 3proz. Essigsäure zufließen. Hierauf stellt man den Meßkolben 30 Minuten in ein kochendes Wasserbad, nimmt ihn nach Ablauf dieser Zeit heraus, gibt weiterhin 2,5 ccm der Essigsäure hinzu und erhitzt kurz über freier Flamme, so daß die Flüssigkeit nur einige Male aufkocht. Nach dem Abkühlen füllt man zur Marke auf und filtriert durch ein Faltenfilter (Schleicher & Schüll, 605 hart oder extra hart).

2. *Reststickstoff im engeren Sinne des Wortes:* Herstellung des Natriumwolframat-Trichloressigsäureserums 1:10.

In einen 200-ccm-Meßkolben werden 20 ccm Milch pipettiert, auf etwa $3/4$ des Kolbeninhaltes mit dest. Wasser verdünnt und je 8 ccm einer 20proz. Trichloressigsäurelösung sowie einer 10proz. Natriumwolframatlösung zugesetzt. Man füllt auf die Marke auf und filtriert (Faltenfilter Schleicher & Schüll, 605 hart oder extra hart).

Die *Ermittlung des Stickstoffgehaltes* der Seren kann auf verschiedentliche Weise erfolgen:

a) Kjeldahlisieren eines bestimmten Volumens des Serums mit daran anschließender Ammoniakdestillation und *titrimetrischer Bestimmung des Stickstoffs* bzw. des überdestillierten Ammoniaks.

b) Ebenfalls kjeldahlisieren des Serums, aber *direkte colorimetrische Bestimmung des Stickstoffs* bzw. des Ammoniaks (*direkte Neßlerisation*).

Zu a). Die Ausführung der Kjeldahlbestimmung ist an sich hinreichend bekannt. Die *Halbmikrobestimmung des Stickstoffs* verlangt natürlich eine andere *Apparatur wie die Makrobestimmung*, also der Halbmikrobestimmung angepaßte Kjeldahlkolben und eine geeignete Destillationsvorrichtung. Für Serienuntersuchungen verwendeten wir eine Apparatur der Firma Wagner & Munz, München, bezeichnet als Mikrokjeldahlapparat für 6 Bestimmungen, in Verbindung mit einem Wasserstrahlgebläse, letzteres bestimmt zum Hindurchdrücken von Luft durch das Destillationsgut. Der Apparat ist besonders für Halbmikrobestimmungen geeignet und hat sich sehr gut bewährt.

Das Arbeiten mit geringsten Substanzmengen bei größter Zeitersparnis, ermöglicht der Mikrokjeldahlapparat mit automatischer Entleerung nach *Parnas-Wagner*, der für Doppelbestimmungen von der Firma Bender & Hobein in München in den Handel gebracht wird. Dem Destillierkolben des Apparates ist als Wärmeschutz ein Vakuummantel angeschmolzen, wodurch zum ganzen Apparat nur ein

Brenner nötig ist, die Handhabung somit sehr vereinfacht wird. Wird nach beendeter Destillation, die nur ungefähr 2—3 Minuten beansprucht, die Wasserdampfentwicklung durch Wegziehen des Brenners unterbrochen, so kühlt sich sofort das Absaugegefäß ab, es entsteht ein Unterdruck, welcher den Inhalt des Destillierkolbens absaugt. Durch sofortiges Nachspülen mit Wasser ist der Apparat für die nächste Bestimmung bereit.

Bei der Kjeldahlbestimmung des Gesamtreststickstoffs des Essigsäurehitzeserums verfährt man zweckmäßig folgendermaßen: Zu 25 ccm des Essigsäurehitzeserums 1:10, entsprechend 2,5 ccm Milch, werden 7,5 ccm reinste konz. Schwefelsäure, 1 Messerspitze Kaliumsulfat und etwas Kupferoxyd gegeben und hierauf wird in der bekannten Weise kjeldahlisiert. Gegen Schluß der Aufschließung gibt man noch einige Tropfen Perhydrol hinzu, um die Oxydation zu vervollständigen. Für die Destillation verwendet man eine Lösung von 33% Natronlauge; man läßt unter Umschütteln solange von der Natronlauge zufließen, bis die bekannte braune Ausscheidung auftritt. Verluste an Ammoniak sind bei der Bauart des Destillationsapparates nicht zu befürchten. Vorlage: 10 ccm $n/_{35}$ H_2SO_4; titriert wird mit $n/_{35}$ NaOH, unter Verwendung von alizarinsulfosaurem Natrium.

Zu b). *Direkte Neßlerisation:* Aufschließung des Serums.

In einen kleinen Kjeldahlkolben aus Jenaer Glas, der mit einer Marke 50 ccm versehen ist, pipettiert man 2,5 ccm Essigsäurehitzeserum 1:10, entsprechend 0,25 ccm Vollmilch, und gibt 0,5 ccm reinste konz. Schwefelsäure, einen Tropfen 5proz. Kupfersulfatlösung sowie eine kleine Messerspitze Kaliumsulfat hinzu. Der Kjeldahlkolben wird nun in ein Sandbad gestellt und der Inhalt kjeldahlisiert. Um ganz sicher zu gehen, daß auch die letzten Reste des Serums oxydiert worden sind, gibt man gegen Schluß der Verbrennung einen Tropfen Perhydrol hinzu. Der Inhalt des Kölbchens muß genau so wie bei der Makrobestimmung vollständig klar sein. Ist die Aufschließung beendet, so läßt man das Kölbchen abkühlen, läßt vorsichtig destilliertes Wasser zufließen und füllt genau auf die Marke 50 ccm auf. Die so erhaltene Lösung ist ohne weiteres für den colorimetrischen Vergleich, für direkte Neßlerisation verwendbar. Der Vergleich kann entweder unter Zuhilfenahme des *Colorimeters nach Dubosq* oder des vereinfachten *Colorimeters nach Kowarsky* vorgenommen werden.

Bei der Aufschließung des Natriumwolframat-Trichloressigsäureserums für die Reststickstoffbestimmung im engeren Sinne des Wortes vermeidet man die Zugabe von Perhydrol, da anscheinend durch zu stark oxydierende Wirkung des Perhydrols höhere Oxyde des Wolframs entstehen; bei Zugabe von Neßler-Reagens tritt dann häufig Trübung der Flüssigkeit ein, wodurch der colorimetrische Vergleich unmöglich wird. Allen Schwierigkeiten beim Arbeiten mit diesem Serum kann man aus dem Wege gehen, indem man den Stickstoff des Serums auf bekannte Weise nach *Kjeldahl* bestimmt.

Colorimetrische Bestimmung des Reststickstoffs.

Das Wesen der Colorimetrie besteht bekanntlich darin, daß man die Konzentration einer gefärbten Lösung mit Hilfe der bekannten Konzentration einer gleichgefärbten Lösung aus dem Verhältnis der Schichtdicken dieser beiden Lösungen bestimmt, wenn beide dem beobachtenden Auge gleich hell erscheinen. Für diesen Fall besteht das einfache Gesetz, daß die Schichtdicken umgekehrt proportional den Konzentrationen sind: Ist c die Konzentration der zu bestimmenden Lösung, c_1 die Konzentration einer Lösung bekannten Gehaltes und sind s und s_1 die Schichtdicken der Lösungen, wenn die Farbtiefen beide dem Auge gleich erscheinen, so gilt das Verhältnis $c:c_1 = s_1:s$. In dieser Proportion sind die beiden Schichtdicken bekannt, die man am Colorimeter durch eine entsprechende Vorrichtung ermitteln kann und die Konzentration der bekannten Vergleichslösung, so daß mit Hilfe der colorimetrischen Ablesung $c = \frac{c_1 \cdot s_1}{s}$ bestimmt werden kann (*L. Pincussen*, Mikromethodik. Leipzig: Georg Thieme 1925).

Vergleich mit Hilfe des Colorimeters nach Dubosq.

Man pipettiert aus dem Kjeldahlkölbchen 5 ccm der Flüssigkeit in ein Reagensglas und ebenso 5 ccm der Vergleichslösung in ein zweites Reagensglas. Hierauf gibt man zu jedem Reagensglas 2 ccm Neßlers Reagens. In beiden Fällen tritt infolge der Reaktion des Reagens mit den Ammoniumsalzen eine Gelb- bis Braunfärbung der Flüssigkeiten ein, die man hierauf in die Colorimetergläser umgießt und nun colorimetriert.

Als Vergleichslösung nimmt man eine Ammoniaklösung bekannten Gehaltes; man löst zu diesem Zweck in einem Meßkolben von 100 ccm Inhalt 0,472 g chemisch reinstes Ammoniumsulfat in destilliertem Wasser (vollkommen stickstofffrei) und füllt genau zur Marke auf. Die gut durchgemischte Lösung enthält 1 mg Stickstoff pro 1 ccm. Je nach der zu erwartenden Konzentration der Versuchsflüssigkeit nimmt man als Vergleichslösung die soeben beschriebene Ammoniumsulfatlösung oder man stellt sich von dieser eine weitere bestimmte Verdünnung her.

Wir verwendeten für unsere sämtlichen colorimetrischen Bestimmungen das Colorimeter nach *Dubosq*, das sich als sehr geeignet erwies. Es ist zu beziehen von der Firma F. Hellige u. Co., Freiburg i. Br. Eingehendere Gebrauchsanweisung wird mitgeliefert. Näheres findet sich darüber auch in dem bereits erwähnten kleinen Werk von *L. Pincussen*.

Vergleich mit Hilfe des Colorimeters nach Kowarsky.

Dies ist ein ganz einfaches Colorimeter, wie es auch für Zwecke der Bestimmung der Wasserstoffionenkonzentration Verwendung findet. Es besteht aus einem schwarzen Holzblock mit zwei horizontalen und zwei vertikalen Bohrungen. Letztere sind für die Aufnahme zweier gleichkalibriger Glasröhren von 30 ccm Inhalt bestimmt, die in $^1/_{10}$ ccm eingeteilt sind. Die horizontalen Bohrungen dienen der Durchsicht. *Kowarsky* hat das Colorimeter speziell für die Reststickstoffbestimmung im Blut konstruiert, es läßt sich jedoch auch sehr gut für die Reststickstoffbestimmung in Milch gebrauchen. Für diesen Zweck pipettiert man in die rechte Meßröhre 5 ccm des Inhaltes des Kjeldahlkölbchens, ebenso viel wird von der Vergleichsflüssigkeit in das linke Rohr gegeben. Hierauf fügt man zu dem Inhalt der beiden Glasröhren je 2 ccm Neßler-Reagens und mischt gut durch. Bei genau gleicher Farbe des Inhaltes der beiden Glasröhren enthält die zu untersuchende Flüssigkeit 40 mg Stickstoff. Erscheint dagegen die zu untersuchende Flüssigkeit intensiver gefärbt als die Vergleichsflüssigkeit, so wird solange durch Zusatz von destilliertem Wasser verdünnt, bis beiderseits gleiche Farbentiefe herrscht. Ist dies erreicht, so wird der Stand der zu untersuchenden Flüssigkeit abgelesen. Die Menge des Stickstoffes erfährt man durch Multiplikation der Zahl 40 mit einem Quotienten, dessen Zähler den abgelesenen Kubikzentimeter der verdünnten Flüssigkeit, dessen Nenner der Zahl 7 (5 ccm zu untersuchende Flüssigkeit + 2 ccm Neßler-Reagens), also der Flüssigkeitsmenge vor der Verdünnung entspricht.

Herstellung der Vergleichsflüssigkeit.

Man löst in einem Meßkolben von 100 ccm Inhalt 0,472 g chemisch reinstes Ammoniumsulfat in destilliertem Wasser (vollkommen stickstofffrei) und füllt genau zur Marke auf. Die gut durchgemischte Lösung enthält 1 mg Stickstoff pro 1 ccm. Eine daraus hergestellte 10fach verdünnte Lösung enthält somit pro Kubikzentimeter 0,1 mg Stickstoff. Genau 1 ccm dieser letzteren Lösung bringt man in einen 50-ccm-Meßkolben, gibt 0,5 ccm konz. Schwefelsäure zu, füllt mit dest. Wasser bis zur Marke auf und schüttelt gut durch.

Beispiel: Bis zur Gleichfarbigkeit mußte bei einer Bestimmung des Reststickstoffgehaltes einer Milch zu der zu untersuchenden Flüssigkeit mit Hilfe des Colorimeters nach *Kowarsky* Wasser bis zur Marke 9,1 ccm zugesetzt werden. Der Stickstoffgehalt beträgt demnach $\frac{40 \cdot 9{,}1}{7} = 52$ mg%. Erscheint nach dem Zusatz des Neßlerschen Reagenses die zu untersuchende Flüssigkeit blasser gefärbt als die Vergleichsflüssigkeit, so wird letztere verdünnt, bis gleiche Farbentiefe herrscht. Die Berechnung geschieht alsdann so, daß die Zahl 40 mit dem reziproken Wert des Quotienten multipliziert wird. Bei einer Untersuchung wurde die Vergleichsflüssigkeit mit destilliertem Wasser bis zur Marke 8,9 ccm verdünnt. Der Stickstoffgehalt berechnet sich dann zu $\frac{40 \cdot 7}{8{,}9} = 31{,}5$ mg%.

Den Berechnungen liegt folgende Überlegung zugrunde: Für die Herstellung der Vergleichsflüssigkeit wurde 1 ccm der 10fach verdünnten Ammoniumsulfatlösung (1 ccm = 0,1 mg Stickstoff) auf 50 ccm verdünnt. Von dieser Verdünnung wurden 5 ccm, also der zehnte Teil als Vergleichslösung benützt; die 5 ccm enthalten somit $\frac{0{,}1}{10}$ mg = 0,01 mg Stickstoff. Bei Gleichfarbigkeit sind also in den 5 ccm der zu untersuchenden Flüssigkeit ebenfalls 0,01 mg Stickstoff enthalten; der Gesamtinhalt des Kjeldahlkolbens (50 ccm) entspricht somit 0,1 mg Stickstoff. Die zur Aufschließung verwendete Serummenge entsprach 0,25 ccm Milch, somit sind in 100 ccm Milch $\frac{0{,}1 \cdot 100}{0{,}25}$ mg = 40 mg enthalten.

Herstellung des Neßler-Reagens. Die Herstellung des Neßler-Reagenses wurde nach einem anderen Verfahren als dem von *Kowarsky* angegebenen durchgeführt, da dieses sich bei seiner Anwendung auf die colorimetrische Bestimmung des Reststickstoffes der Milch als zu unbeständig erwies. Das endgültig verwendete Reagens wurde folgendermaßen bereitet: 5 g Jodkalium werden in 5 g heißem destilliertem Wasser gelöst und mit einer konzentrierten Lösung von Mercurichlorid in siedendem Wasser versetzt, bis der dabei entstehende Niederschlag sich nicht mehr löst; es sind hierzu etwa 2—2,25 g $HgCl_2$ erforderlich. Nach dem Abkühlen wird filtriert, das Filtrat mit einer Lösung von 15 g KOH in 30 ccm Wasser versetzt und die Mischung mit dest. Wasser auf 100 ccm verdünnt. Hierauf gibt man etwa 0,5 ccm der konz. $HgCl_2$-Lösung hinzu, läßt den gebildeten Niederschlag absetzen und gießt die überstehende klare Flüssigkeit, das Reagens, ab.

Bemerkungen zum Colorimetrieren.

Die Handhabung der Colorimeter erfordert gewisse Vorsichtsmaßregeln und das Colorimetrieren selbst ist keine so einfache Sache, als wie sie sich ansieht. Um gut vergleichbare Werte durch das Colorimetrieren zu erhalten, ist eine sehr große Übung im Colorimetrieren erforderlich. Es zeigen sich bei den colorimetrischen Methoden für die Augen verschiedener Ableser deutliche Differenzen, da der Begriff gleicher Farbenintensität, auf den es bei der Colorimetrie ankommt, individuell verschieden ist. Werden bei der Titration einer Flüssigkeit von mehreren Personen ohne weiteres ganz gleichmäßige Ergebnisse erzielt, so zeigen sich dagegen bei der colorimetrischen Bestimmung durch verschiedene Individuen typische Differenzen der Ablesung, die zwar immer konstant bleiben und die Resultate durchaus einwandfrei erscheinen lassen, wenn die Ablesung immer von derselben Person erfolgt. Bei Wechsel des Beobachters können jedoch erhebliche Fehler entstehen. *Hinsichtlich der Reststickstoffbestimmung lassen sich die bei der direkten Neßlerisation, also beim Colorimetrieren, vorhandenen Schwierigkeiten ohne weiteres dadurch umgehen, daß man eben die Stickstoffbestimmung im Serum nach der bewährten Kjeldahlmethode vornimmt.* Die colorimetrische Bestimmung der verschiedenen Bestandteile des Reststickstoffs der Milch des Aminosäurenstickstoffes, des Harnsäurestickstoffs usw., muß geübt sein.

IV. Die Bestimmung der einzelnen Komponenten des Reststickstoffs.

Veränderungen der Menge des Reststickstoffes beim Ablauf biologischer Vorgänge in der Milch oder bei anormaler Sekretion müssen naturgemäß auch Veränderungen der Menge der einzelnen Komponenten des Reststickstoffs im Gefolge haben. Um diese Veränderungen zu erkennen, ist es erforderlich, den Reststickstoff der Milch in seine einzelnen Bestandteile aufzulösen und diese getrennt in geeigneten Seren zu bestimmen. Im folgenden Abschnitt ist die Ermittlung der Komponenten des Reststickstoffs unter den verschiedensten Gesichtspunkten der Enteiweißung der Milch behandelt. Für den Zweck der Feststellung der geeignetsten Verfahren wurden die Ergebnisse verschiedener teilweise bereits bekannter Methoden miteinander verglichen.

1. Aminosäurenstickstoff.

Das Vorhandensein von Aminosäuren in der Milch ist von verschiedenen Autoren nachgewiesen worden. *Pichon-Vendeuil*[6] bestimmten Glykokoll, Tyrosin, Leucin, Asparagin- und Glutaminsäure in Kuhmilch. *Mader*[7] stellte ebenfalls die Anwesenheit von essentiellen, präformierten, abiureten Eiweißstoffen in Milch fest, die er als Aminosäuren erkannte; er bestimmte den Aminosäurenstickstoffgehalt der Kuhmilch zu 18—25 mg pro Liter. *Lisk*[8] gibt den mittels van Slyke-Methode ermittelten Aminostickstoff in Kuhmilch zu 1,8—4,09 mg pro 100 ccm Milch an. *Viale*[9] stellte einen durchschnittlichen Aminostickstoffgehalt von 8,6 mg% in der Milch fest. Ebenso fand *Spirito*[10] in der Kuhmilch mittels Formoltitration einen Aminostickstoffgehalt von 10,17—14,68 mg pro 100 ccm. *Denis* und *Minot*[5] bestimmten den Aminostickstoffgehalt der Milch mittels van Slyke-Methode zu 4,20 mg, *Bleyer* und *Kallmann*[2] fanden auf colorimetrischem Wege durchschnittlich 2,8 mg Aminosäurenstickstoff in 100 ccm Milch.

Unter den zur Verfügung stehenden Methoden der Bestimmung des Aminosäurenstickstoffes in Milch, Methode nach *van Slyke*, Formoltitration und colorimetrisches Verfahren nach *Folin-Wu* erschien letzteres Verfahren am geeignetsten, nicht nur wegen seiner Einfachheit, sondern auch im Hinblick auf die Zuverlässigkeit der damit erzielten Werte, die mit der van Slyke-Methode sehr gut übereinstimmen.

Für die Bestimmung des Aminosäurenstickstoffes in biogenen Flüssigkeiten stehen im wesentlichen 3 Verfahren zur Auswahl, und zwar: die Methode nach *van Slyke* unter Verwendung der bekannten Mikro-Apparatur, dann das colorimetrische Verfahren nach *Folin-Wu*[11], welches auf einer Farbreaktion zwischen Aminosäuren und Chinon beruht, und schließlich die sog. Formoltitration, die allerdings den Aminosäurenstickstoff in seiner Gesamtheit nicht zu erfassen vermag.

Denis und *Minot*, die nach der Methode von *van Slyke* arbeiteten, kamen bei ihren Untersuchungen zu dem Ergebnis, daß neben einer möglichst restlosen Enteiweißung der Milch unbedingt auch eine Entfernung der in der Milch in größerer Menge vorhandenen Calciumsalze nötig ist. Sie erreichten diesen Zweck durch Enteiweißung der Milch mit Essigsäure geringerer Konzentration und Kupferacetat unter gleichzeitigem Erwärmen. Auf diese Weise erhielten genannte Autoren ein Filtrat, welches beim Eindampfen auf das bei Benützung der van Slyke-Apparatur erforderliche Maß ziemlich klar bleibt. Die Bestimmung des Aminosäurenstickstoffes nach *van Slyke* ist jedoch ziemlich umständlich und zeitraubend. Viel zweckmäßiger ist die colorimetrische Methode von *Folin*, da sie einerseits in der Ausführung von größter Einfachheit ist und mit den Ergebnissen der van Slyke-Methode sehr gut übereinstimmende Werte ergibt, wie *Bleyer* und *Kallmann* nachweisen konnten.

Das Verfahren nach *Folin-Wu* beruht auf einer Farbreaktion zwischen Aminosäuren und Chinon. Als Reagens verwendet *Folin* β-*naphthochinonsulfosaures Natrium*, ein Salz von goldgelber Farbe, welches mit den in der Milch bzw. mit den in den Seren vorhandenen Aminosäuren eine rotgelbe Färbung gibt, die sich colorimetrisch gut festlegen läßt. Die Herstellung des Reagenses erfolgte nach der Vorschrift von *Folin*. Für die Aminosäurenvergleichslösung wurde Glykokoll verwendet, welches sich nach den Angaben des Schrifttums neben Leucin, Phenylalanin oder Tyrosin hierzu am besten eignet. Es wurden 0,5357 g Glykokoll in etwas $n/_{10}$ Salzsäure gelöst und nach Zugabe von 2 g Natriumbenzoat mit der $n/_{10}$ Salzsäure auf 1 l aufgefüllt, so daß also 1 ccm dieser Lösung 0,1 mg Aminostickstoff enthielt. Von dieser Vorratslösung wurden dann jeweils 70 ccm mit $n/_{10}$ Salzsäure auf 100 ccm aufgefüllt; die so bereitete Gebrauchslösung wies dann einen Gehalt von 0,07 mg Stickstoff auf 1 ccm Flüssigkeit auf.

Zunächst wurden die Untersuchungen nach den Angaben von *Bleyer-Kallmann*[2] unter Anlehnung an die Aminosäurenstickstoffbestimmung im Blute nach *Mandel-Steudel*[12] durchgeführt, wobei 3 verschiedene Milchseren Verwendung fanden: das von *Bleyer*[2] vorgeschlagene Essigsäureserum mit einer Verdünnung der Milch von 1:25, das bereits beschriebene Essigsäurehitzeserum mit einer Verdünnung der Milch von 1:10, sowie das Natriumwolframat-Trichloressigsäureserum mit einer Verdünnung der Milch von ebenfalls 1:10.

Zur Ausführung der Bestimmung des Aminosäurenstickstoffs sind außer dem schon erwähnten Farbreagens, sowie der Vergleichslösung noch folgende Reagenzien nötig:

1. Eine Natriumcarbonatlösung von einer solchen Konzentration, daß 8,5 ccm davon 20 ccm $n/_{10}$ Salzsäure entsprechen; sie ist annähernd 1 proz. Außerdem ist eine weitere 4 proz. Sodalösung notwendig für die Bestimmungen des Aminostickstoffs im Essigsäureserum und im Natriumwolframat-Trichloressigsäureserum 1:10.

2. Eine Essigsäureacetatlösung. Hierzu werden 100 ccm 50 proz. Essigsäure mit dem gleichen Volumen einer 5 proz. Natriumacetatlösung verdünnt.

3. Eine 4 proz. Natriumthiosulfatlösung.

4. Eine 0,25 proz. Lösung von Phenolphthalein in 50 proz. Alkohol.

Das Essigsäureserum 1:25 erhält man wie folgt: 10 ccm Milch werden in einem 250-ccm-Meßkolben mit 50 ccm dest. Wasser unter Zugabe von 2 ccm 3 proz. Essigsäure 30 Minuten lang im kochenden Wasserbad erhitzt und alsdann nach weiterem Zusatz von 1 ccm Essigsäure unter stetem Umschütteln auf freier Flamme zum Aufkochen gebracht. Nach dem Abkühlen wird mit Wasser zur Marke aufgefüllt und filtriert.

Bleyer verfährt folgendermaßen zur Bestimmung des Aminosäurenstickstoffs im Essigsäureserum 1:25: In ein 25 ccm fassendes graduiertes Reagensglas gibt man 1 ccm der Glykokoll-Lösung und stellt durch Zugabe von 1 ccm der 1proz. Natriumcarbonatlösung die für die Entwicklung der Farbreaktion nötige Alkalität her. Dann füllt man mit dest. Wasser bis zu 10 ccm auf. Gleichzeitig werden 25 ccm des Essigsäureserums 1:25 — diese Menge ist bei dieser Verdünnung des Serums in Anbetracht seines geringen Gehaltes an Aminosäuren nötig — auf ungefähr 4 ccm auf dem Wasserbad eingeengt und nach Einbringen in ein zweites, ebenfalls bis zu 25 ccm graduiertes Reagensglas mit 1 ccm $n/_{10}$ Salzsäure versetzt. Nach Zugabe von 1 ccm der 1proz. Natriumcarbonatlösung wird auf 10 ccm aufgefüllt. In beide Reagensgläser gibt man nun je 5 ccm einer frisch bereiteten 0,5proz. Lösung des β-naphthochinonsulfosauren Natriums und läßt die beiden Gläser in einem dunklen Raum 24 Stunden stehen. Nach Ablauf dieser Zeit werden in jedes der beiden Reagensgläser je 1 ccm der Acetatlösung sowie 5 ccm der Thiosulfatlösung gegeben, ersteres um die Farbreaktion zu verstärken und die Abscheidung freien Schwefels aus der zugegebenen Thiosulfatlösung zu verzögern, letzteres um den Überschuß an Chinon zu zerstören. Nach dem Auffüllen der Flüssigkeiten bis zur Marke 25, sowie nach 3 Minuten langem Stehenlassen wird der colorimetrische Vergleich (Colorimeter nach *Dubosq*) vorgenommen.

Das von *Mandel-Steudel* angeführte Verfahren für die Bestimmung des Aminosäurenstickstoffs des Blutes weist, obwohl im Prinzip gleichartig, einige Verschiedenheiten in der Zugabe der Reagenzien auf. Auf Zusatz von $n/_{10}$ Salzsäure zur Untersuchungsflüssigkeit wird hier von vorneherein verzichtet und die erforderliche Alkalität hergestellt, indem man von der Sodalösung tropfenweise zugibt, bis die gleiche Alkalität mit der Vergleichsflüssigkeit erhalten ist. Eine Kontrolle hierüber gibt der Zusatz von je 1 Tropfen der Phenolphthaleinlösung zur Vergleichs- sowie Untersuchungsflüssigkeit. Außerdem werden in die beiden Gläser je 2 ccm der stets frisch herzustellenden 0,5proz. Lösung des β-naphthochinonsulfosauren Natriums und nach dem Stehenlassen über Nacht je 2 ccm Acetatlösung, sowie 2 ccm der Thiosulfatlösung gegeben.

Während das Essigsäureserum 1:25 methodisch in keinem Falle Schwierigkeiten bereitete, erwies sich beim Essigsäurehitzeserum 1:10 und ganz besonders bei dem Natriumwolframat-Trichloressigsäureserum der zur Herstellung der nötigen Alkalität erforderliche Zusatz von 1 ccm Sodalösung infolge der höheren Acidität dieser beiden Seren als unzureichend. Es mußte daher eine konzentriertere Natriumcarbonatlösung verwendet werden. Als ausreichend erwies sich eine 4proz. Lösung, welche man tropfenweise bis zur Alkalität zugibt, wobei man sich von letzterer durch Phenolphthalein überzeugt.

Die nach den Angaben von *Bleyer* und von *Mandel-Steudel* mit den verschiedenen Seren durchgeführten Bestimmungen des Aminosäurenstickstoffes in Milch gaben nur sehr ungenügend übereinstimmende Werte, wie auch gar nicht anderes zu erwarten war im Hinblick auf die Verschiedenartigkeit der Gewinnung dieser Seren. Andererseits erwies sich das Natriumwolframat-Trichloressigsäureserum gegenüber den beiden anderen Seren auch bei dem Verfahren nach *Mandel-Steudel* als nicht ganz leicht in der Behandlung, so daß sich ein Vergleich der beiden Verfahren nur auf die eigentlichen Essigsäureseren stützen konnte. Da bei den Seren, ganz besonders aber bei dem Natriumwolframat-Trichloressigsäureserum auf den Zusatz der Natriumcarbonatlösung hin eine mehr oder minder starke Trübung auftritt, wird eine richtige Fixierung der Alkalität unter Zuhilfenahme von Phenolphthalein bei diesem Serum erschwert. Hingegen ist nach Zugabe der Acetatlösung ein vollständiges Verschwinden der Trübung und Aufklären des Natriumwolframat-Trichloressigsäureserums zu beobachten, gegenüber den Essigsäureseren, so daß ein Filtrieren vor der Vornahme der colorimetrischen Bestimmung, wie es bei letzteren erforderlich ist, nicht nötig ist.

In nachstehender Tabelle sind die Ergebnisse von Aminosäurenstickstoffbestimmungen angegeben, die in den drei angegebenen Milchseren in Anlehnung an die von *Mandel-Steudel* für die entsprechenden Blutuntersuchungen angegebenen Vorschrift durchgeführt worden sind. Dabei sind die Werte von Doppelbestimmungen mitgeteilt. Verwendet wurden hierzu die Essigsäurehitzeseren in den Verdünnungen 1:10 und 1:25 sowie das Natriumwolframat-Trichloressigsäureserum.

Tabelle 16.
Aminosäurenstickstoff in Milligrammprozent bei Verwendung verschiedener Seren.

Art des Serums	Essigsäureserum 1:25		Essigsäureserum 1:10		Natriumwolframat-Trichloressigsäureserum 1:10	
Probe	Analysenresultate	Durchschnitt	Analysenresultate	Durchschnitt	Analysenresultate	Durchschnitt
1	4,12 u. 4,11	4,11	4,07 u. 4,13	4,10	4,05 u. 4,20	4,12
2	4,09 u. 4,12	4,10	4,06 u. 4,09	4,07	4,10 u. 4,17	4,13
3	4,15 u. 4,18	4,16	4,15 u. 4,20	4,17	—	—
4	4,07 u. 4,08	4,07	4,07 u. 4,06	4,06	4,07 u. 4,06	4,06
5	4,07 u. 4,09	4,08	4,07 u. 4,09	4,08	3,81 u. 3,71	3,76?
6	4,13 u. 4,09	4,11	4,12 u. 4,15	4,13	4,12 u. 4,06	4,12

Die gute Übereinstimmung der Aminostickstoffwerte ist ohne weiteres erkennbar. Nachdem verschiedene Seren zur Ermittlung der Werte Verwendung fanden, läßt sich aus dem Ergebnis der Schluß ziehen, daß die erhaltenen Zahlen auch tatsächlich der Wirklichkeit entsprechen.

Es war von Interesse festzustellen, wie sich der Aminosäuregehalt einer Milch bzw. der daraus hergestellten Seren bei längerem Stehenlassen verändern würde. Zu diesem Zweck wurde einerseits bei einer Milchprobe die Bestimmung in den Seren sofort vorgenommen und andererseits die Seren dieser Milchprobe und noch verschiedener anderer Milchproben 2 Tage lang bei Zimmertemperatur sich selbst überlassen und dann der Aminostickstoff festgestellt. Die Resultate dieser Untersuchungen sind in der nachstehenden Tabelle angegeben.

Tabelle 17. *Aminostickstoff in Milligrammprozent verschiedener Milchseren bei längerem Stehenlassen.*

Art des Serums	Essigsäureserum 1:25		Essigsäureserum 1:10		Natriumwolframat-Trichloressigsäureserum 1:10	
Probe	Analysenresultate	Durchschnitt	Analysenresultate	Durchschnitt	Analysenresultate	Durchschnitt
1a	4,06 u. 4,05	4,05	4,10 u. 4,11	4,10	4,12 u. 4,07	4,10
1b	4,58 u. 4,55	4,56	4,62 u. 4,58	4,60	4,17 u. 4,14	4,15
2	4,62 u. 4,58	4,60	4,65 u. 4,62	4,63	4,16 u. 4,13	4,14
3	4,46 u. 4,39	4,43	4,48 u. 4,40	4,44	4,15 u. 4,18	4,16
4	4,47 u. 4,43	4,45	4,50 u. 4,42	4,46	4,15 u. 4,10	4,12

Während Probe 1a noch für sämtliche Seren gut übereinstimmende Aminostickstoffwerte ergab, zeigte sich bereits bei derselben Probe nach 2 Tagen (1b) ein wesentlicher Unterschied im Aminosäurenstickstoffgehalt mit Ausnahme des Natriumwolframat-Trichloressigsäureserums. Die in den Essigsäureseren im Gegensatz zur Probe 1a gefundenen höheren Aminostickstoffwerte erklären sich aus dem Umstande, daß infolge fortschreitender Hydrolyse der in den Essigsäureseren noch vorhandenen eiweißartigen Stoffe eine Anreicherung mit deren letzten Abbauprodukten, mit Aminosäuren, vor sich ging, während infolge der viel gründlicheren Enteiweißung durch Natriumwolframat-Trichloressigsäure in diesem Serum mangels abbaufähigen Materials keine weitere Zunahme an Aminosäurenstickstoff eintreten konnte.

Es soll noch kurz auf die Eignung der einzelnen Seren für die colorimetrische Bestimmung des Aminosäurenstickstoffs der Milch eingegangen werden. Das Essigsäurehitzeserum in einer Verdünnung der Milch 1:25 ist zweifelsohne sehr geeignet. Nur verzögert die Einengung der zur Bestimmung erforderlichen Menge Serum, 25 ccm auf etwa 4 ccm, die Analyse. Das Essigsäurehitzeserum in einer Verdünnung der Milch 1:10, dessen Gehalt an Aminosäurenstickstoff so bemessen ist, daß es nicht der Einengung größerer Mengen Serums bedarf, also ohne weiteres zur Bestimmung herangezogen werden kann, und das vor allem auch die Fixierung der erforderlichen Alkalität ermöglicht, vermag sehr gut reproduzierbare Werte zu liefern. Das Natriumwolframat-Trichloressigsäureserum erschwert die Fixierung der Alkalität mittels Phenolphthalein infolge auftretender Trübungen. Da aber trotzdem die erhaltenen Werte mit denen der anderen Seren gute Übereinstimmung zeigen, so ist anscheinend dieser Umstand belanglos, da das Auftreten der Trübung bei Alkalizusatz an und für sich ein Mehr an Alkali verlangt, bis die Indicatorfarbe erkenntlich hervortritt. Nach Zugabe der Acetatlösung ist überdies ein vollständiges Verschwinden der Trübung und Aufklären des Natriumwolframat Trichloressigsäureserums zu beobachten gegenüber den Essigsäureseren, so daß ein Filtrieren vor der Vornahme des colorimetrischen Vergleichs, wie es bei den Essigsäureseren erforderlich ist, hinfällig wird.

Es ist unbedingt erforderlich, auch in Milch bzw. deren Seren ähnlich wie im Blut und Harn die Fixierung der Alkalität unter Zuhilfenahme eines Indicators, Phenolphthalein, mit Rücksicht auf die unterschiedliche und rasch wechselnde Acidität der Milch und ihrer Seren vorzunehmen. Auf Grund unserer Versuchsergebnisse empfehlen wir nachstehende Vorschrift zur

Bestimmung des Aminosäurenstickstoffs der Milch.

In ein Reagensglas, welches eine Graduierung bis 25 ccm zeigt, werden 1 ccm der Aminosäurenvergleichslösung und nach Zusatz von 1 Tropfen Phenolphthalein

1 ccm der 1proz. Sodalösung gegeben, worauf mit destilliertem Wasser auf 10 ccm aufgefüllt wird. In ein zweites, ebenfalls graduiertes Reagensglas werden 10 ccm des Essigsäurehitzeserums 1:10 gegeben. Nach Zusatz von 1 Tropfen Phenolphthalein wird durch tropfenweise Zugabe 4proz. Sodalösung die gleiche Alkalität wie bei der Vergleichsflüssigkeit hergestellt. Dem Inhalt beider Gläser fügt man dann weiterhin 2 ccm der 0,5proz. Lösung des β-naphthochinonsulfosauren Natriums hinzu und läßt die beiden Proben 24 Stunden über Nacht an einem völlig dunklen Ort stehen. Anderen Tages gibt man zu jeder Probe je 2 ccm Essigsäure-Acetatlösung und Thiosulfatlösung zu. Hierdurch wird der Überschuß an Reagens entfärbt. Nach dem Auffüllen der Flüssigkeiten bis zur Marke 25 und nach 3 Minuten langem Stehenlassen filtriert man die Versuchslösung und nimmt den colorimetrischen Vergleich mit Hilfe eines Colorimeters (*Dubosq*) vor.

Die Berechnung der Menge des Aminostickstoffs erfolgt nach der bereits erwähnten Formel (S. 26) $c = c_1 \frac{s_1}{s}$, wobei c_1 die Menge des Aminostickstoffs der Vergleichslösung (0,07 mg pro 1 ccm), s_1 und s die Colorimeterablesungen der Vergleichslösung bzw. der Milchprobe bedeuten. Diese Zahl ist noch mit der Milchverdünnung zu multiplizieren.

Angaben über die Herstellung des Aminosäurenreagenses, des β-naphthochinonsulfosauren Natriums finden sich:

Mandel und *Steudel*, Minimetrische Blutuntersuchung. Berlin und Leipzig: Walter de Gruyter u. Co. 1924. — *L. Pincussen*, Mikromethodik. Leipzig: G. Thieme 1925. — *O. Folin*, J. of biol. Chem. **51**, 453 (1922).

2. Ammoniakstickstoff.

Die Anwesenheit von Ammoniak bzw. Ammonsalzen in Milch ist wiederholt bestätigt worden. Zahlenmäßige Angaben darüber gehen jedoch sehr weit auseinander. So stellte *Lisk*[3] bei Verwendung der Methode *Broussin-Shaffer* je nach dem Alter und der Bakterienzahl der Milch einen Ammoniakgehalt von 11,2—54,32 mg pro 100 ccm Milch fest. *Viale*[9] stellt das Vorhandensein von Ammoniak in frischer Milch in Abrede; *Bleyer* und *Kallmann*[2] bestimmten den Ammoniakgehalt frischer Milch zu 0,7—1,4 mg%.

Für die Bestimmung derart geringer Mengen Ammoniaks in biogenen Flüssigkeiten stehen eine Reihe mehr oder weniger geeigneter Verfahren zur Verfügung. Am meisten eingeführt ist die Methode nach *Folin*, wonach die zu untersuchende ammoniakhaltige Flüssigkeit alkalisch gemacht wird und das dabei freiwerdende Ammoniak im Luftstromdestillationsapparat in eine Vorlage übergeführt und hierauf entweder colorimetrisch oder titrimetrisch bestimmt wird. Ein weiteres Verfahren von *Folin* und *Bell*[13] sieht die Bestimmung des Ammoniaks im Harn unter Zuhilfenahme von Permutit vor. Das Prinzip dieser Methode beruht auf dem Ionenaustausch zwischen Natriumpermutit und dem im Lösungsmittel vorhandenen Ammoniak bzw. Ammoniumsalz. Auf diese Weise wird die Ammoniakbase der betreffenden Flüssigkeit entzogen, während andere stickstoffhaltige Stoffe durch Waschen des Permutits aus dem Reaktionsgemisch entfernt werden können. Das durch Zusatz von Natronlauge zu Permutit wieder freigemachte Ammoniak kann dann durch Neßlerisation leicht colorimetrisch bestimmt werden. Für die Untersuchungen wurde „Natriumpermutit zur Bestimmung des Ammoniaks neben Harnstoff nach *Folin*" verwendet, bezogen von der Permutit-A.-G., Berlin NW. 6.

Neben Natriumpermutit sind noch folgende Lösungen erforderlich:

1. Eine Ammoniakvergleichslösung, welche in 1 ccm 0,1 mg Ammoniakstickstoff enthält; es werden hierzu 0,4716 g reinstes Ammoniumsulfat in 1 l dest. Wasser gelöst.

2. Eine 10proz. Natronlauge.

3. Neßlers Reagens.

In Anlehnung an die Methode zur Bestimmung des Ammoniakstickstoffs im Harn nach *Folin* und *Bell* erwies sich folgende Vorschrift als geeignet zur Bestimmung des Ammoniakgehaltes der Milch.

In 2 Meßzylinder von je 200 ccm Inhalt bringt man je 5 g Permutit, fügt etwa 5 ccm dest. *ammoniakfreies* Wasser zu und gibt in das eine Meßgefäß 1 ccm der Ammoniakvergleichslösung und in das andere 50 ccm des Essigsäurehitzeserums 1:10. Der Inhalt der beiden Meßzylinder wird nun während 5 Minuten langsam bewegt, hierauf das an den Glaswänden anhaftende Permutitpulver mit etwas dest. Wasser abgespült; nach dem Absitzen des Pulvers wird dekantiert. Hierauf gibt man 40—50 ccm dest. Wasser zu, gießt wiederum ab und wiederholt das Dekantieren mit derselben Wassermenge nochmals. Nach beendetem Auswaschen des Permutitpulvers versetzt man dieses mit etwas dest. Wasser, gibt je 5 ccm der 10proz. Natriumhydroxydlösung hinzu und füllt auf 90 ccm auf, nachdem man den Inhalt der Zylinder einige Sekunden leicht bewegt hat. Nach Zusatz von 10 ccm Neßlers Reagens nimmt man den colorimetrischen Vergleich *sofort* vor. Längeres Stehenlassen der mit dem Reagens versetzten Lösung bewirkt leicht Nachdunkeln der Lösung und damit falsche Werte. Die Zugabe von Permutit zu der Ammoniakvergleichslösung ist erforderlich im Hinblick auf volumengleiche Verhältnisse bei Untersuchungs- und Vergleichsflüssigkeit.

Von der Ammoniakbestimmung nach dem Permutitverfahren ist im besonderen Gebrauch zu machen, wenn in der betreffenden Flüssigkeit neben dem Ammoniak noch Harnstoff vorhanden ist; es wird durch dieses Verfahren die Trennung des Ammoniakstickstoffes von dem Harnstoffstickstoff erzielt, die erforderlich ist, da auch die Harnstoffbestimmung auf eine Ammoniakbestimmung abzielt.

3. Harnstoffstickstoff.

Ein wesentlicher Bestandteil des Reststickstoffs der Milch ist der Harnstoff, auf den nahezu die Hälfte des Reststickstoffs im engeren Sinne trifft. Im Schrifttum finden sich noch sehr wenig Angaben über den Harnstoff der Milch. *Morimoto*[14] bestimmte dessen Menge zu 12—43 mg in 100 ccm Milch, beim Pasteurisieren der Milch soll sich der Harnstoffgehalt etwas verringern. *Denis* und *Minot*[5] geben 9—10 mg% Harnstoffstickstoff als Durchschnitt in Milch an, ähnliche Werte fanden *Bleyer* und *Kalmann*.

Außer der Hypobromid- und der Xanthydrolmethode, von denen letztere sich vor allem zum qualitativen Nachweis kleinster Harnstoffmengen eignet, sind hauptsächlich verschiedene Modifikationen der Ureasemethode zur Ermittlung des Harnstoffstickstoffes in Körperflüssigkeiten im Gebrauch. Wir benützten das Verfahren von *Denis* und *Minot* als Grundlage, wobei aber nicht die Milch selbst, sondern das Essigsäurehitzeserum 1:10 für die Bestimmungen verwendet wurde. Bei der Ureasemethode wird das nach Zugabe der Urease zur Harnstofflösung durch Hydrolyse des Harnstoffes entstehende und nach Zusatz von Alkali mittels Luftstromes in eine vorgelegte Säure überdestillierte Ammoniak titrimetrisch bestimmt.

Um eine quantitative Aufspaltung des Harnstoffs sicher zu erreichen, ist auf Einhaltung einer bestimmten Einwirkungszeit der Urease zu achten. Nach *Euler*[15] erfolgt die Zersetzung des Harnstoffs unter Einwirkung der Urease nicht sofort zu dem Endprodukt NH_3, also nach der Gleichung:

$$O=C{<}{{NH_2}\atop{NH_2}} + {{H_2O}\atop{H_2O}} \longrightarrow O=C{<}{{OH}\atop{OH}} + 2\,NH_3 \longrightarrow (NH_4)_2CO_3,$$

sondern die Aufspaltung vollzieht sich über eine Zwischenstufe, nämlich über das Ammoniumcarbamat, man hat also mit zwei aufeinanderfolgenden Reaktionen zu rechnen:

$$O=C{<}{{NH_2}\atop{NH_2}} + H_2O \longrightarrow O=C{<}{{NH_2}\atop{O-NH_4}}. \qquad (1)$$

Das gebildete Ammoniumcarbamat wird dann durch die Einwirkung der Urease weiterhin zu Ammoniumcarbonat hydrolysiert.

$$O=C{<}{{NH_2}\atop{O-NH_4}} + H_2O \longrightarrow O=C{<}{{O-NH_4}\atop{O-NH_4}} = CO_3(NH_4)_2. \qquad (2)$$

Nach *Faurholt-Euler* geht die Umsetzung des Ammoniumcarbamats in schwach saurer Lösung in weniger als einer Sekunde vor sich. In diesem Falle hat man also bei der Umwandlung des Harnstoffs in Ammoniumcarbonat über das Ammoniumcarbamat mit einem Zeitverlust nicht zu rechnen, zumal auch die Bildung des Ammoniumcarbamates aus dem Harnstoff verhältnismäßig rasch erfolgt.

Erschwert und verzögert wird die Umsetzung des Harnstoffs durch eine Nebenreaktion. Als ständiger Begleiter des Harnstoffes, wenn auch in geringer Menge, tritt nämlich nach *Euler* das Ammoniumcyanat auf. Der Harnstoff erleidet schon durch das bloße Vorhandensein von Säuren oder Alkalien im Lösungsmittel, sowie beim Kochen seiner wässerigen Lösung eine Hydrolyse, die auf eine Störung des ursprünglich vorhandenen Gleichgewichtes zwischen Harnstoff und Ammoniumcyanat zurückzuführen ist, wobei eine sofortige Neubildung von Ammoniumcyanat die Folge ist. Dieses Ammoniumcyanat wird weiter zu Ammoniak und Kohlensäure hydrolysiert, wozu eine bestimmte Zeit erforderlich ist.

$$O=C{<}{{NH_2}\atop{NH_2}} \longrightarrow C{<}{{NH}\atop{O}} + NH_3\,; \qquad (1)$$

$$\begin{array}{c}HN=C=O\\H_2\,O\end{array} \longrightarrow NH_3 + CO_2. \qquad (2)$$

Dieses aus dem Harnstoff über Ammoniumcyanat gebildete Ammoniak wird wahrscheinlich sofort von der Essigsäure des für die Bestimmungen verwendeten Serums zu Ammoniumacetat gebunden.

Für den Verlauf der Zersetzung des Harnstoffs unter Einwirkung der Urease ist dann weiterhin die Beachtung einer bestimmten optimalen Wasserstoffionenkonzentration, die verschiedentlich zu $p_H = 7{,}3$ festgestellt wurde, von großer Bedeutung, insofern dadurch die Zeitdauer der enzymatischen Spaltung des Harnstoffs auf ein Mindestmaß gebracht werden kann. Bei fortschreitender Zersetzung des Harnstoffs durch die Urease unter Bildung von zunehmenden Mengen Ammoniaks kann unter Umständen die Lösung zu sehr ins alkalische Gebiet hinübergleiten, wodurch eine Verzögerung der Harnstoffspaltung eintreten kann. Diesem Hindernis kann durch Zugabe geeigneter Pufferlösungen, welche die auftretenden OH-Ionen wirksam abpuffern, entgegengetreten werden. Weiterhin ist dann auch die Beachtung des Temperaturoptimums der Ureasewirkung von wesentlicher Bedeutung für die Hydrolyse des Harnstoffs. Nach *Euler* wurde bei einer Erhöhung der Temperatur um 10°, von 30 auf 40°, in gleicher Zeiteinheit die 1,91 fache Menge an entwickeltem Ammoniak gemessen. Auch in den nachstehend beschriebenen Versuchen konnte dieser günstige Einfluß auf die Harnstoffspaltung beobachtet werden. So wurde, sobald eine Abschwächung der Wirkung des Fermentes auf Grund von Kontrollversuchen beobachtet werden konnte, nach Verbringen der mit Urease versetzten Harnstofflösung in ein Wasserbad von 40—43° der Wirkungsgrad wieder auf die volle Höhe gebracht. Bei Beachtung der erwähnten Gesichtspunkte, sowie Fernhaltung von anorganischen und organischen Paralysatoren wie Schwermetallen, Aldehyden, Glykose usw., ist der Reaktionsverlauf ein steter.

Um die günstigsten Bedingungen für die Hydrolyse des Harnstoffs und für die nachfolgende Luftstromdestillation ausfindig zu machen, wurde eine Reihe von Versuchen mit Lösungen von reinstem Harnstoff durchgeführt. Als Versuchslösung wurde hierzu eine Lösung verwendet, welche in 10 ccm 21,434 mg Harnstoff entsprechend 10 mg Harnstoffstickstoff enthielt.

Das Ureaseferment gelangte in Form von Sojabohnenmehl, als *Arlco-Urease Jack Bean* bezeichnet, zur Anwendung; das Präparat zeigte im allgemeinen eine gute Haltbarkeit. *James B. Summer* und *David B. Hand*[16], Ithaca, New York, berichten in jüngster Zeit über eine Methode, mittels der es möglich ist, aus der Jackbohne kleinste Eiweißkrystalle darzustellen, welche sie mit Urease identisch halten. Dieses Ureasepräparat ist nach den genannten Autoren etwa 1400 mal aktiver, als bisher im Handel bezogenes Ureasebohnenmehl. Proteine, Aminosäuren, Essigsäure- und Acetatlösungen üben auf die Urease eine Art Schutzwirkung aus.

Für die Ausführung der Harnstoffbestimmung in Milch bzw. im Serum erwies sich der Luftstromdestillationsapparat nach *Neubauer*, der auch in Agrikulturchemischen Laboratorien Verwendung findet, als sehr geeignet. Der Apparat stellt im Prinzip ein Aggregat von Reagensgläsern dar, welche untereinander mittels Gummischläuchen von geringem Querschnitt verbunden sind. Die Gläser sind derart angeordnet, daß eine Anzahl Zersetzungsgläser jeweils mit den Auffanggefäßen abwechseln, so daß die Möglichkeit gegeben ist, stets mehrere Bestimmungen nebeneinander zu machen. Sämtlichen Gefäßen ist ein eigenes Reagensglas mit verdünnter, etwa 10proz. Schwefelsäure vorgeschaltet, um Spuren von Ammoniak der Laboratoriumsluft zu absorbieren; ebenso erschien es zweckmäßig, ein mit Chlorcalcium sowie mit Natronkalk gefülltes Glasrohr vorzuschalten. Durch Anschluß an eine gute Wasserstrahlpumpe wird bei stets gleichem Wasserdruck ein gleichmäßiger Luftstrom durch das Reagensglasaggregat gesaugt. Als Vorlage genügten jeweils 10 ccm $n/35$ Schwefelsäure, sofern die Versuche mit 10 ccm der erwähnten Harnstofflösung zusätzlich einer kleinen Messerspitze Arlco-Urease durchgeführt wurden. Bei den Versuchen, deren Ergebnisse in Tab. 18 niedergelegt sind, zeigte die Harnstofflösung durch Zugabe von 10 ccm einer Pufferlösung ein $p_H = 4,6$. Die Zersetzungsgefäße wurden verschiedentlich lang in ein Wasserbad mit einer Temperatur von 43° gestellt. Nach beendeter Hydrolyse wurde nach Zugabe von je 5 ccm 10proz. Natronlauge mit der Destillation begonnen, wobei die Dauer der Destillation bei den einzelnen Versuchen variierte.

Wie ersichtlich konnte selbst nach 3stündiger Einwirkung der Urease und 3stündiger Luftstromdestillation der berechnete Wert von 10 mg Stickstoff nicht erhalten werden. Der Einfluß der Einwirkungsdauer der Urease und der Destillationsdauer hinsichtlich der gebildeten Menge Ammoniaks ist jedoch deutlich erkennbar. Die gewählte $p_H = 4,6$ entspricht der Acidität der späterhin verwendeten Essigsäurehitzeseren.

Tabelle 18. *Hydrolyse des Harnstoffs bei wechselnder Einwirkungsdauer der Urease und verschiedentlicher Dauer der Destillation; $p_H = 4,6$; Ammoniak in Milligrammprozent.*

Dauer der Destillation	Einwirkungsdauer der Urease		
	10 Min. mg%	1 Std. mg%	3 Std. mg%
30 Min.	3,93	5,34	5,33
1 Std.	5,26	5,22	5,74
2 ,,	5,81	5,90	6,46
3 ,,	6,78	7,90	8,14

Bei der nachfolgenden Versuchsreihe wurde eine stärkere Alkalität zur Freimachung des Ammoniaks bei der Destillation gewählt. An Stelle von 5 ccm 10proz. Natronlauge wurde nach beendeter Hydrolyse 2 g Soda zugegeben. Im übrigen blieben sich die Versuchsbedingungen gleich.

Tabelle 19.

Dauer der Destillation	Einwirkungsdauer der Urease		
	10 Min. mg%	1 Std. mg%	3 Std. mg%
30 Min.	5,22	7,50	8,14
1 Std.	5,98	7,74	8,30
3 ,,	7,82	7,90	9,42

Die Ergebnisse zeigen wesentlich höhere Ausbeuten an Ammoniak, wenn auch der berechnete Wert 10 mg noch nicht erreicht wurde.

Die folgenden Versuche wurden bei optimaler Wasserstoffionenkonzentration der Harnstoffspaltung, bei $p_H = 7,3$ durchgeführt. Die weiteren Versuchsbedingungen blieben sich gleich.

Tabelle 20. *Hydrolyse des Harnstoffs bei wechselnder Einwirkungsdauer der Urease und verschiedentlicher Dauer der Destillation; $p_H = 7,3$; Destillation mit 2 g Soda.*

Dauer der Destillation	Einwirkungsdauer der Urease		
	10 Min. mg%	1 Std. mg%	3 Std. mg%
30 Min.	7,54	7,54	8,06
1 Std.	7,54	7,69	8,47
2 ,,	8,26	8,46	9,34
3 ,,	8,38	8,80	9,42

Die Umsetzung kann bei einer $p_H = 7,3$ günstiger verlaufen, wenn die Einwirkungsdauer der Urease an und für sich noch weniger Ammoniak produziert hat; wird durch reichlichere Ammoniakabspaltung die Flüssigkeit übermäßig stark alkalisch, so ist mit einer vollkommenen Aufspaltung des Harnstoffs nicht zu rechnen.

In einem weiteren Versuch wurde ein Teil der durch Zusatz von 10 ccm Pufferlösung auf $p_H = 4,6$ gebrachten Versuchslösungen nach Zugabe der Urease 10 Minuten lang auf 43° erwärmt, ein anderer Teil nicht erwärmt, sämtliche Proben aber über Nacht stehengelassen und damit die Dauer der Einwirkung der Urease wesentlich verlängert. Eine weitere mit Urease versetzte Probe der Harnstofflösung wurde ebenfalls 10 Minuten lang erwärmt und am nächsten Tag die Luftstromdestillation bei der Temperatur 43° vorgenommen. Das Ergebnis dieser Versuche ist in der nachstehenden Tabelle aufgezeichnet.

Tabelle 21. *Hydrolyse des Harnstoffs bei längerer Einwirkung der Urease;* $p_H = 4,6$; *Destillation mit 2 g Soda.*

Dauer der Destillation	Über Nacht stehengelassen		
	Nicht vorerwärmt	Vorerwärmt 10 Minuten	Vorerwärmt, sowie Erwärmung während der Destillation
3 Std.	10,02 mg%	9,98 mg%	10,02 mg%

Wie zu ersehen ist, läßt sich eine vollständige Zersetzung des Harnstoffs erst bei längerer Einwirkungsdauer der Urease, im vorliegenden Fall etwa 20 Stunden erzielen. Wesentlich ist, daß sich das Ergebnis bei einer $p_H = 4,6$ entsprechend der Acidität des Essigsäureserums erreichen läßt.

Auf Grund der Versuchsergebnisse wurde die *Bestimmung des Harnstoffstickstoffs der Milch* in folgender Weise vorgenommen:

20 ccm des Essigsäurehitzeserums 1:10 werden in einem Reagensglas des Luftstromdestillationsapparates nach *Neubauer* mit einer Messerspitze Arlco Urease versetzt und nach kurzer Erwärmung auf 43° im Wasserbad über Nacht bei Zimmertemperatur stehengelassen. Anderen Tages gibt man 2 g Natriumcarbonat und zur Verhinderung allzu starker Schaumentwicklung 3 Tropfen Oktylalkohol hinzu. Hierauf wird nach erfolgtem Anschließen des Apparates an die Wasserstrahlpumpe 3 Stunden lang ein ruhiger gleichmäßiger Luftstrom durch den Destillationsapparat hindurchgesaugt. Das entwickelte Ammoniak wird in einer Vorlage mit 10 ccm $^n/_{35}$ Schwefelsäure absorbiert und seine Menge durch Zurücktitrieren der nicht verbrauchten Schwefelsäure mit $^n/_{35}$ Natronlauge bestimmt. Der Wirkungswert der Urease ist stets sorgfältig zu kontrollieren. Die Zugabe einer Pufferlösung zu dem Serum ist nicht erforderlich.

Zusatz: Die im Milchserum vorhandene Menge präformierten Ammoniaks wird bei diesem Verfahren mit überdestilliert. Es muß daher von dem erhaltenen Gesamtammoniak die Ammoniakmenge des Reststickstoffs in Abzug gebracht werden.

4. Kreatin und Kreatinin.

Kreatin entsteht wahrscheinlich aus Arginin über Guanidin und kann somit als sekundäres Umwandlungsprodukt bestimmter Eiweißabbaustoffe bewertet werden. Es ist ein spezifischer Muskelbestandteil. Sein Anhydrid ist das Kreatinin. *Denis* und *Minot* bestimmten den Kreatin- und Kreatiningehalt in der Kuhmilch zu durchschnittlich 2,4 bzw. 1,4 mg%. Ähnliche Zahlen ermittelten *Bleyer* und *Kallmann*.

Für die quantitative Bestimmung des Kreatinins und Kreatins sind verschiedene colorimetrische Verfahren vorgeschlagen worden. *Folin*[11] versuchte das Kreatinin mit Hilfe einer durch Zugabe von alkalischer Pikrinsäurelösung zu kratininhaltigen Flüssigkeiten erzeugten braunroten Färbung auf colorimetrischem Wege quantitativ zu erfassen. Die Methodik ist jedoch in ihrer Anwendung auf Blut nicht ohne weiteres möglich. Es treten Schwierigkeiten auf hinsichtlich einer richtigen Fixierung der Farbunterschiede, da der Blutzucker durch die Zugabe der Natronlauge eine Veränderung erleidet, Blutzuckerlösungen sich dunkel färben, wodurch die Wirkung des Farbstoffreagenses verdeckt wird. Dieselben Schwierigkeiten machen sich auch bei Anwendung dieses Verfahrens auf Milch geltend infolge des hohen Gehaltes der Milch an Milchzucker.

Denis und *Minot*[5] versuchten die Methode für die Milchuntersuchungen dadurch geeignet zu machen, daß sie zur Vergleichslösung Milchzucker in einer Menge gaben, die ungefähr der im Milchserum vorhandenen entsprach; die hierbei erzielten Werte waren nach ihrer Angabe annähernd halb so groß, wie die ohne Milchzuckerzugabe erzielten. Gleichzeitig suchten genannte Autoren auf einem anderen Wege zum Ziele zu gelangen, indem sie den Milchzucker mittels Kupfersulfat und Calciumhydroxyd aus der Milch mit den Eiweißstoffen ausfällten.

Es erschien am zweckmäßigsten die Bestimmung des Kreatinins und Kreatins nach dem von *Denis* und *Minot* angegebenen Verfahren vorzunehmen. Die dazu benötigten Reagenzien sind folgende:
1. Gesättigte, etwa 1proz. Pikrinsäurelösung.
2. 10proz. Natronlauge.
3. 20proz. Kupfersulfatlösung.
4. 10proz. Calciumhydroxydaufschwemmung, dazu noch eine Kreatininstandardlösung.

Letztere, die Vergleichslösung, wird durch Auflösung von 0,1 g Kreatinin in 100 ccm $n/10$ Salzsäure hergestellt. 2 ccm dieser Stammlösung werden alsdann auf 100 ccm verdünnt, so daß in 1 ccm Testflüssigkeit ein Kreatiningehalt von 0,02 mg vorhanden ist.

Das für die Bestimmungen des Kreatinins bzw. Kreatins erforderliche völlig enteiweißte und entzuckerte Serum wird folgenderweise hergestellt: In einem 150-ccm-Meßkolben werden 30 ccm Milch mit 15 ccm der 20proz. Kupfersulfatlösung sowie 45 ccm der 10proz. Calciumoxydaufschwemmung versetzt und mit dest. Wasser zur Marke aufgefüllt. Nach 30 Minuten langem Stehenlassen filtriert man und erhält so ein farbloses klares Filtrat.

Zur Kreatininbestimmung werden 10 ccm dieses Serums in einem graduierten Reagensglas von etwa 30 ccm Inhalt mit 2 Tropfen 1 n-Salzsäure versetzt und 10 ccm Pikrinsäurelösung mit 5 ccm 10proz. Natronlauge zugegeben. Dieser höhere Zusatz von Natronlauge als wie ihn *Denis* und *Minot* angeben, erschien auf Grund eigener Beobachtungen erforderlich, um den überschüssigen Kalk aus der Versuchsflüssigkeit möglichst restlos zu entfernen, da sonst die sich ständig wiederholende Bildung von kohlensaurem Kalk das Colorimetrieren sehr erschwert. Nach 10 Minuten langem Stehenlassen filtriert man von ausgeschiedenem Calciumhydroxyd ab und nimmt den colorimetrischen Vergleich mit einer Testflüssigkeit vor, welche wie folgt angesetzt wird: Zu 2 ccm der Standardlösung, welche demnach 0,04 mg Kreatinin enthält, werden nach Verdünnung mit 8 ccm dest. Wasser ebenfalls 10 ccm Pikrinsäurelösung, sowie 5 ccm 10proz. Natronlauge gegeben, so daß Volumengleichheit mit der Untersuchungsflüssigkeit hergestellt ist.

Zur Kontrolle der Methodik wurden zu Milch bekannte Mengen von Kreatinin gegeben, 1, 2 und 3 mg und hierauf der Gesamtkreatiningehalt der Proben bestimmt.

Tabelle 22. *Kreatiningehalt der Milch in Milligrammprozent bei Zugabe bekannter Mengen Kreatinin zur Milch.*

Probe	Vorhanden mg%	Zugegeben mg%	Kreatinin		
			Gefunden mg%	Berechnet mg%	Differenz mg%
1	1,43	1	2,40	2,43	— 0,03
2	1,43	2	3,35	3,43	— 0,08
3	1,43	3	4,34	4,43	— 0,09

Wie ersichtlich sind die durch die Analyse ermittelten Werte etwas niedriger als die errechneten. Anscheinend wird durch die Milchzuckerfällung etwas Kreatinin mitgerissen, so daß auch die für die Milch erhaltenen Werte etwas zu niedrig ausfallen dürften.

Der *Kreatingehalt* der Milch wird in der Weise ermittelt, daß man das Kreatin in Kreatinin überführt und beides als Gesamtkreatinin bestimmt. Nach den Angaben von *Denis* und *Minot* gibt man zu 10 ccm des Serums, mit dem man die Kreatininbestimmung vornimmt, 10 Tropfen 1 n-Salzsäure und erhitzt im Autoklaven 20 Minuten lang auf 130°, wobei sich das Kreatin unter Wasseraustritt in Kreatinin verwandelt. Die Ermittlung des Gesamtkreatinins geschieht dann auf die eben beschriebene Art und Weise. Bei Bestimmung des Gesamtkreatinins hat es sich als zweckmäßig erwiesen, eine konzentriertere Vergleichslösung, 0,1 mg Kreatinin pro 2 ccm Standardlösung zu verwenden.

Über die in Milchproben normaler Beschaffenheit vorhandenen Mengen von Kreatinin und Kreatin gibt nachstehende Aufstellung Bescheid.

Tabelle 23.

Probe	Kreatinin		Kreatin mg%
	Präformiert mg%	Gesamtkreatinin mg%	
1	1,43	3,96	2,53
2	1,41	3,67	2,26
3	1,35	3,60	2,25
4	1,34	3,53	2,19

Die Bestimmung des Kreatinins und Kreatins bzw. Gesamtkreatinins nach den angegebenen Verfahren mittels colorimetrischen Vergleiches mit Standardlösungen erfordert große Übung in der Erkennung der Farbenunterschiede im Colorimeter, die meist sehr schwer festzustellen sind. Es empfiehlt sich alle Fehlerquellen, die durch einseitige Beleuchtung des Colorimeters eventuell entstehen können, durch eine geeignete Beleuchtungsvorrichtung tunlichst auszuschalten.

5. Harnsäure.

Harnsäure in Milch haben *Denis* und *Minot*[5] quantitativ festgestellt und als durchschnittlichen Wert 1,5 mg pro 100 ccm angegeben. Ebenso fanden *Bleyer* und *Kallmann*[2] einen Durchschnittsgehalt der Kuhmilch an Harnsäure von etwa 1,6 mg%. Neuerdings berichtete *Reif*[17] über eine neuartige Anwendung der Phosphorwolfram- und Phosphormolybdänsäure zur Bestimmung der Harnsäure in Blut und Milch, wobei er unter Verwendung des Tetraserums Harnsäurewerte von 1,0—1,5 mg pro 100 ccm Milch fand.

Die quantitative Bestimmung der Harnsäure ist mit einigen Schwierigkeiten verbunden. Wir führten sie auf colorimetrischem Wege in Anlehnung an die Methode der Bestimmung der Harnsäure im Blute nach *Benedikt* durch, wobei das Natriumwolframat-Trichloressigsäureserum der Milch als Ausgangsmaterial diente. Der Nachweis beruht auf einer Reaktion der Harnsäure mit Arsenphosphorwolframsäure und Natriumcyanid, wobei eine Blaufärbung auftritt, welche mit derjenigen einer ebenso behandelten Harnsäurelösung von bekanntem Gehalt verglichen wird. Man benötigt folgende Lösungen für die Bestimmung:

1. Harnsäurevergleichslösung. 9 g reines krystallisiertes Dinatriumphosphat und 1 g krystallisiertes Mononatriumphosphat werden in 200—300 ccm heißem Wasser aufgelöst. Diese Lösung wird weiterhin mit heißem Wasser auf ein Volumen von 500 ccm gebracht und noch heiß auf 200 mg Harnsäure gegossen, die sich mit etwas Wasser in einem 1-l-Meßkolben befinden. Nachdem sich die Harnsäure völlig gelöst hat und die Lösung abgekühlt ist gibt man 1 ccm Eisessig hinzu, füllt auf 1 l auf und setzt noch 5 ccm Chloroform zwecks Konservierung der Lösung bei. 5 ccm dieser Stammharnsäurelösung, die ungefähr 2 Monate haltbar ist, enthalten 1 mg Harnsäure. Von dieser Stammlösung wird eine zum Gebrauch fertige verdünnte Vergleichsharnsäurelösung folgendermaßen hergestellt: 10 ccm der Stammlösung werden in einen 500-ccm-Meßkolben gegeben und zur Hälfte mit dest. Wasser aufgefüllt. Nach Zugabe von 25 ccm einer Salzsäure, die 1 Volumen konz. Salzsäure auf 9 Volumen Wasser enthält, wird auf die Marke verdünnt. Diese Harnsäurelösung, welche in 5 ccm 0,02 mg Harnsäure enthält, muß alle 2 Wochen frisch bereitet werden.

2. 5proz. Natriumcyanidlösung, die auf 1 l 2 ccm konz. Ammoniak enthält.

3. Harnsäurereagens. Hierzu werden 100 g wolframsaures Natrium in einem 1-l-Meßkolben in 600 ccm dest. Wasser gelöst. Hierauf fügt man 50 g Arsenpentoxyd, ferner 25 ccm 85proz. Phosphorsäure und 20 ccm konz. Salzsäure zu. Diese Mischung wird 20 Minuten lang gekocht und nach dem Abkühlen auf ein Volumen von 1 l gebracht.

Die Bestimmung der Harnsäure geschieht wie folgt:

In ein graduiertes Reagensglas werden 10 ccm des Natriumwolframat-Trichloressigsäureserums der Milch, in ein zweites graduiertes Reagensglas 5 ccm der Harnsäurevergleichslösung gegeben, welche mit 5 ccm dest. Wasser ebenfalls auf ein Volumen von 10 ccm gebracht wird. In beide Gläser gibt man je 4 ccm der Natriumcyanidlösung und je 1 ccm des Harnsäurereagens. Durch 3 Minuten langes Erhitzen im siedenden Wasserbad wird die bereits anfangs aufgetretene leichte Blaufärbung zur vollen Intensität gebracht. Hierauf wird 3 Minuten in kaltem Wasser abgekühlt. In der Versuchsflüssigkeit auftretende Trübungen werden abfiltriert, worauf der colorimetrische Vergleich vorgenommen werden kann. Das Colorimetrieren der Flüssigkeiten muß rasch vor sich gehen, da bei längerem Stehen der mit dem Harnsäurereagens versetzten Lösungen ein Nachlassen der Farbentiefe eintritt.

Zur Kontrolle der Methode wurden zu Milch bekannte Mengen von Harnsäure gegeben und der Gehalt dieser Milchproben an Gesamtharnsäure bestimmt.

Tabelle 23a. *Harnsäuregehalt der Milch bei Zugabe bestimmter Mengen Harnsäure.*

Probe	Harnsäuremenge				
	Vorhanden mg%	Zugegeben mg%	Gefunden		Errechnet mg%
			Doppelbestimmung mg%	Durchschnitt mg%	
1	1,58	0,4	1,99 u. 1,98	1,98	1,98
2	1,58	0,8	2,39 u. 2,33	2,36	2,38
3	1,58	1,2	2,79 u. 2,78	2,78	2,78
4	1,58	1,6	3,19 u. 3,19	3,19	3,18

Die errechneten Mengen Harnsäure stimmen mit den gefundenen Mengen sehr gut überein. Im allgemeinen ist die colorimetrische Bestimmung der Harnsäure genau so wie die des Aminosäurenstickstoffs in Hinblick auf die dabei auftretende sehr deutlich ausgeprägte Farbreaktion am genauesten vorzunehmen, der colorimetrische Vergleich läßt sich sehr exakt durchführen.

B. Anwendung der Methodik.

An Hand der in den vorhergehenden Abschnitten beschriebenen Methoden der quantitativen Bestimmung stickstoffhaltiger Bestandteile der Milch wurde im folgenden versucht, ein Bild über die Verteilung des Stickstoffs in Milch normaler Sekretion zu gewinnen. Anschließend wurden dann Untersuchungen über die Bewegung der stickstoffhaltigen Bestandteile der Milch im Verlauf der Säuerung der Milch und bei der Pasteurisierung bzw. Erhitzung der Milch durchgeführt.

In Anbetracht der Labilität der Proteinsysteme der Milch verlangt die Vornahme einer vollkommenen analytischen Aufteilung der stickstoffhaltigen Bestandteile der Milch ein Mindestmaß an Arbeitszeit. Es läßt sich dies nur erzielen bei Einhaltung eines bestimmten Untersuchungsganges. Nach unseren Erfahrungen hat sich nachstehendes Schema am ehesten bewährt. Wie bereits an anderer Stelle erwähnt, war es nicht möglich, die Bestimmung der sämtlichen Komponenten des Reststickstoffes der Milch mit ein und demselben Serum durchzuführen, wodurch der Gang der Untersuchungen sehr vereinfacht worden wäre. Es hat sich die Herstellung verschiedener Seren als notwendig erwiesen, von denen jedes einzelne, wie aus dem Schema ersichtlich, als Ausgangsserum zur Bestimmung bestimmter Reststickstoffkörper dient.

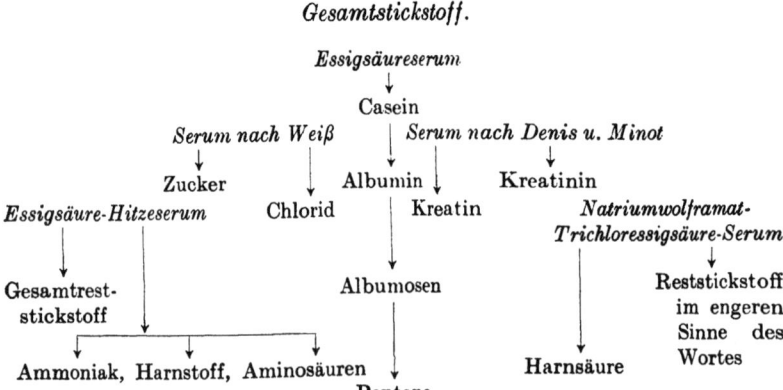

Tabelle 24. *Die Verteilung der stickstoffhaltigen Bestandteile in Milligrammprozent in Proben von Einzelgemelken.*

	Kuh Nr. 2	Kuh Nr. 8	Kuh Nr. 10	Kuh Nr. 13	Kuh Nr. 17	Kuh Nr. 19	Kuh Nr. 26	Kuh Nr. 27	Kuh Nr. 28
Gesamtstickstoff in mg%	534,6	519,5	483,1	546,0	570,4	571,6	521,0	500,0	538,8
Caseinstickstoff in mg%	374,8	375,4	341,4	398,8	414,0	407,0	380,5	372,3	377,8
Albuminstickstoff in mg%	77,8	64,4	59,6	64,4	68,6	77,4	67,3	60,1	84,0
Albumosenstickstoff in mg%	31,4	31,4	26,8	33,6	33,4	34,6	29,4	28,6	27,2
Peptonstickstoff in mg%	24,4	24,6	21,2	27,4	27,4	26,4	20,5	18,4	25,2
Gesamtreststickstoff in mg%	88,0	85,7	75,4	93,7	90,3	88,0	80,0	75,4	86,8
Reststickstoff in mg%	31,1	29,8	25,4	28,6	27,4	25,9	28,0	27,4	31,8
Aminostickstoff in mg%	4,2	3,5	3,2	4,0	3,8	4,2	4,3	4,2	3,5
Ammoniakstickstoff in mg%	1,4	1,2	0,9	1,6	1,3	0,9	1,4	1,6	1,2
Harnstoffstickstoff in mg%	15,0	13,9	13,5	15,0	14,3	13,2	10,2	11,0	14,4
Kreatinin in mg%	2,0	2,7	2,1	2,0	1,7	1,9	2,7	2,7	2,6
Kreatin in mg%	2,7	3,7	2,8	2,7	2,5	2,2	3,8	3,6	3,5
Harnsäure in mg%	2,2	1,9	2,0	2,1	2,2	2,3	2,3	1,8	2,5
Fett in %	4,5	3,8	4,5	4,6	4,6	3,8	4,2	4,3	3,4
Spez. Gewicht	1,033	1,032	1,032	1,031	1,033	1,033	1,033	1,031	1,032
Säuregrad	8,2	8,0	8,0	8,2	8,2	8,4	8,5	8,8	8,4
Zuckergehalt in mg%	4,65	4,58	4,97	4,53	4,97	5,16	4,97	4,92	4,48
Gesamtchlorid in mg%	0,080	0,114	0,090	0,096	0,079	0,075	0,095	0,090	0,108
Chlorzuckerzahl	1,72	2,48	1,83	2,14	1,58	1,45	1,91	1,83	2,41
Lactationszeit in Tagen	69	153	85	122	135	150	23	70	36
Gesamtreststickstoff in mg%	88,0	85,7	75,4	93,7	90,3	88,0	80,0	75,4	86,8
Summe d. Einzelkomponenten d. Gesamtreststt. in mg%	83,3	82,9	72,5	88,4	86,6	85,7	74,6	71,9	80,1
Differenz in mg%	—4,7	—2,8	—2,9	—5,3	—3,7	—2,3	—5,4	—3,5	—6,7

Tabelle 25. *Die Verteilung der stickstoffhaltigen Bestandteile in Milligrammprozent in Proben normaler Sammelmilchen.*

Stickstoffhaltige Bestandteile der Milch	Bezeichnung der Milchproben									
	1	2	3	4	5	6	7	8	9	10
Gesamtstickstoff in mg%	511,2	500,6	507,4	543,3	555,0	565,6	535,6	535,5	530,0	546,5
Caseinstickstoff in mg%	397,8	367,5	380,5	409,9	429,0	412,7	409,6	407,4	399,3	408,4
Albuminstickstoff in mg%	55,1	68,7	62,4	69,9	69,4	73,7	61,6	63,1	60,9	71,3
Albumosenstickst. in mg%	—	—	—	—	—	—	26,7	29,8	25,1	27,3
Peptonstickstoff in mg%	—	—	—	—	—	—	13,5	21,6	20,3	19,3
Gesamtreststickst. in mg%	56,0	64,0	60,4	68,6	63,0	84,6	64,0	69,7	67,2	65,1
Reststickstoff in mg%	24,1	25,7	22,6	25,4	21,5	22,2	24,1	20,9	22,9	20,1
Aminostickstoff in mg%	4,3	5,9	6,0	4,7	5,2	3,7	5,1	4,0	3,5	3,8
Ammoniakstickst. in mg%	1,1	1,0	1,4	1,3	1,1	1,3	0,7	1,2	1,1	1,1
Harnstoffstickst. in mg%	11,1	13,0	9,6	13,7	9,0	8,1	9,8	10,9	8,2	7,1
Kreatinin in mg%	2,1	2,0	1,7	1,5	1,6	1,9	1,5	1,3	1,3	1,6
Kreatin in mg%	2,7	2,2	2,0	2,3	1,8	2,6	2,3	1,7	2,0	2,4
Harnsäure in mg%	1,5	1,2	1,7	1,6	1,7	1,6	1,4	1,2	1,4	1,2
Säuregrad	8,6	8,7	9,0	7,4	7,4	7,1	8,7	6,8	7,4	7,3
Spez. Gewicht	1,0306	1,0311	1,0308	1,0319	1,0322	1,0323	1,0307	1,0310	1,0310	1,0305
Fettgehalt in %	3,6	3,9	3,7	4,0	3,8	3,8	4,4	4,0	4,6	3,9
Zuckergehalt in %	—	—	—	—	—	—	4,21	4,98	4,92	4,99
Gesamtchlorid in %	—	—	—	—	—	—	0,106	0,106	0,106	0,110
Chlorzuckerzahl	—	—	—	—	—	—	2,52	2,13	2,16	2,20
Summe d. Einzelkomp. d. Gesamtreststick. in mg%	—	—	—	—	—	—	64,0	69,7	67,2	65,1
	—	—	—	—	—	—	61,0	71,7	62,9	63,8
Differenz in mg%	—	—	—	—	—	—	−3,0	+2,0	−4,3	−1,3

I. Die Verteilung der Stickstoffbestandteile der Milch normaler Zusammensetzung.

1. Untersuchung von Einzelgemelken.

Zur Untersuchung kamen Milchproben der Einzelgemelke der Kühe der Kindermilchanstalt Veitshof. Da die Kühe des Veitshofes als Vorzugsmilchbetrieb der beständigen tierärztlichen Überwachung unterstellt sind, Stallhaltung und Fütterung der Tiere, sowie Gewinnung und Behandlung der Milch den Anforderungen für Vorzugsmilch entsprechend streng gehandhabt wird, so waren die Voraussetzungen gegeben, in den Proben der Einzelgemelke der Veitshofkühe auch wirklich gute Milch mit bekannter Vorgeschichte für die Untersuchungen zu bekommen. Diese wurden im Verlauf der Monate Februar und März vorgenommen. Verfüttert wurde Maissilage mit Kraftfutter gemischt und Runkelrüben mit Heu bis zur Sättigung. Als Kraftfutter wurde „Baywa Milchleistungsfutter I" verabreicht. Die Ergebnisse der Untersuchungen sind in Tab. 24 verzeichnet.

2. Untersuchung von Sammelmilchproben.

Analog den Einzelgemelken wurden dann auch eine Reihe von Milchproben bearbeitet, die der Sammelmilch des Molkereibetriebes entnommen worden waren. Da von seiten eines Teils der Milchlieferanten der Molkereischule zweimalige Milchanlieferung erfolgt, so war die Möglichkeit gegeben, durch Probenahme von der Morgenmilch noch frische Sammelmilch für die Untersuchungen zu bekommen, die während der Monate August und September vorgenommen wurden, also zu einer Zeit vorwiegender Grünfütterung. Die Ergebnisse sind in Tab. 25 verzeichnet.

Eine Gesamtübersicht über die Verteilung der stickstoffhaltigen Milchbestandteile der untersuchten Milchproben gibt nachstehende Zusammenstellung der erhaltenen Grenz- und Durchschnittswerte.

Tabelle 26.

	Einzelgemelkproben		Sammelmilchproben	
	Schwankungen mg%	Durchschnittswert mg%	Schwankungen mg%	Durchschnittswert mg%
Gesamtstickstoff . . .	483,1—571,6	531,7	500,6—565,6	533,1
Caseinstickstoff	341,4—414,0	382,5	367,5—429,0	402,2
Albuminstickstoff . . .	59,6— 84,0	69,3	55,1— 73,7	65,6
Albumosenstickstoff . .	26,8— 34,6	30,7	25,1— 29,8	27,2
Peptonstickstoff	18,4— 27,4	24,2	13,5— 21,6	18,7
Gesamtreststickstoff . .	75,4— 93,7	84,8	56,0— 84,6	66,3
Reststickstoff	25,4— 31,8	28,4	20,1— 25,7	22,9
Aminostickstoff	3,2— 4,3	3,9	3,5— 6,0	4,6
Ammoniakstickstoff . .	0,9— 1,6	1,3	0,7— 1,4	1,1
Harnstoffstickstoff . .	10,2— 15,0	13,4	7,0— 13,7	10,1
Kreatinin	1,7— 2,7	2,3	1,3— 2,1	1,7
Kreatin	2,2— 3,7	3,1	1,7— 2,7	2,2
Harnsäure	1,8— 2,5	2,1	1,2— 1,7	1,5

Eine vergleichende Betrachtung der Tabelle läßt erkennen, daß die Proben der Einzelgemelke im Durchschnitt zwar etwas geringere Werte für Gesamtstickstoff aufweisen, dagegen in bezug auf Reststickstoff und dessen einzelne Komponenten mit Ausnahme des Aminosäurenstickstoffs durchwegs wesentlich höhere Werte gegenüber den Sammelmilchproben zeigen. Ob hier Lactationsverhältnisse oder Fütterungseinflüsse entscheidend mitwirkten (Verfütterung reichlicher Mengen Silage an die Kühe, deren Einzelgemelke untersucht wurden), läßt sich bei der verhältnismäßig geringen Anzahl von Proben, die untersucht werden konnten, nicht sagen. Es muß die Beantwortung dieser Fragen umfangreicheren Untersuchungen vorbehalten bleiben.

Klare Verhältnisse konnten nur von den Proben der Einzelgemelke erwartet werden, bei denen es sich um Milch mit ganz genau bekannter Vorgeschichte handelt. Im allgemeinen kommen die ermittelten Werte sowohl für die Menge des Reststickstoffs als auch für die Mengen der einzelnen Komponenten des Reststickstoffs den bisher im Schrifttum genannten Angaben ziemlich nahe. Als Durchschnittswert für Gesamtreststickstoff einschließlich Albumosen- und Peptonstickstoff ergab sich bei den Proben der Einzelgemelke 84,8 mg%; *Bleyer* nennt 80,0 und 55,8 mg% bei Mischmilchen unbekannter Vorgeschichte. Der Durchschnittswert 24,2 mg% für den Peptonstickstoff und 30,7 mg% für Albumosenstickstoff kommt auch den Angaben von *Bleyer*, 23,04 mg% bzw. 27,2 mg% sehr nahe. Wenn auch gemäß den bisherigen Anschauungen die Werte für den Albumosen- und Peptonstickstoff nicht als ganz sicher anzusehen sind, da sie bereits als Ausdruck einer Veränderung des ursprünglichen Caseins, die durch die Enteiweißung der Milch zustande gekommen sein konnte, angesehen werden können, so sprechen doch die Ergebnisse der Ultrafiltration, die ja als die mildeste Art der Enteiweißung angesehen werden kann, für das Vorhandensein zwar hochmolekularer, jedoch nicht mehr hitzekoagulabler, aber mit Gerbsäure oder Phosphorwolframsäure noch fällbarer eiweißartiger Komplexe in der Milch. Die Zusammenfassung dieser Eiweißabkömmling in eine Albumosen- und Peptonfraktion der Milch dürfte daher zulässig sein.

Der Durschschnittswert 28,4 mg% für den Reststickstoff im engeren Sinne des Wortes, also ohne Albumosen- und Peptonstickstoff, liegt zwar etwas höher als die von *Bleyer* nach *Denis* und *Minot* bestimmten Werte 22,6—23,3 mg%, denen sich jedoch der von den Sammelmilchproben errechnete Durchschnittswert 22,9 mg% für Reststickstoff im engeren Sinne des Wortes sehr gut anpaßt. Es liegt also wohl weniger an der nach verschiedenen Methoden durchgeführten Enteiweißung zwecks Erhaltung des für die Bestimmung des Reststickstoffes im engeren Sinne benötigten Serums als vielmehr an der Beschaffenheit der Milch selbst.

Bezüglich des Gehaltes der Einzelgemelke an Aminosäuren-, Ammoniak- und Harnstoffstickstoff nähern sich die erhaltenen Werte gut den bisher im Schrifttum genannten. *Denis* und *Minot* geben für Aminosäurenstickstoff 4,2 mg%, *Bleyer* 2,8 mg%, *Mader* 1,8—2,5 mg% an; wir erhielten als Durchschnittswert 3,9 mg%. Der Wert für Ammoniakstickstoff, 1,3 mg%, deckt sich mit dem von *Bleyer* genannten Wert 1,4 mg%. Etwas höhere Werte fanden wir dagegen für Harnstoffstickstoff, im Durchschnitt 13,4 mg% gegenüber 9—10 mg% der wiederholt genannten Autoren. Die Sammelmilchproben wiesen dagegen auch hinsichtlich Gehalt an Harnstoffstickstoff geringere Werte auf, im Durchschnitt 10,1 mg%.

Der Gehalt der Einzelgemelke an Kreatinin, Kreatin und Harnsäure ist relativ hoch. *Denis* und *Minot* fanden hierfür in Kuhmilch 1,4 bzw. 2,4 bzw. 1,5 mg%, *Bleyer* und *Kallmann* 1,4 bzw. 2,4—2,6 bzw. 1,6 mg%. Wir bestimmten den Gehalt an Kreatinin zu 2,3 mg%, an Kreatin zu 3,1 mg% und an Harnsäure zu 2,1 mg%. Die Sammelmilchproben wiesen auch für diese 3 Stickstoffbestandteile geringere Werte auf. Erwähnenswert ist in Hinsicht auf das Vorkommen von Harnsäure die auch durch neuere Arbeiten von *Scheunert* bestätigte Abwesenheit von Harnsäure im Rinderblutserum.

Über die Frage, ob durch die in angegebener Weise durchgeführte Bestimmung der Bestandteile des Reststickstoffs der Milch letztere auch in ihrer Gesamtheit erfaßt werden, gibt der Vergleich zwischen der ermittelten Menge des Gesamtreststickstoffs und der Summe der Komponenten des Gesamtreststickstoffs Aufschluß. Wie aus den Tab. 24 und 25 zu ersehen ist, besteht hierin eine immerhin merkliche Differenz, die zwischen —2,6 und —6,7 mg% schwankt. Es ist bekannt, daß die Milch auch Rhodanide, dann insbesondere Purinbasen wie Xanthin, Hypoxanthin, enthält, ebenfalls stickstoffhaltige Stoffe mit dem C—N-Skelet der Harnsäure; ferner hatten *Bleyer* und *Kallmann* auch einen stickstoffhaltigen Farbstoff in der Milch nachgewiesen. Es dürfte also die festgestellte Differenz im Stickstoffgehalt einerseits zum Teil auf das Konto genannter stickstoffhaltiger Milchstoffe zu setzen sein, andererseits werden bei einer derart komplizierten Analyse mit so zahlreichen Einzelbestimmungen Differenzen nie ganz zu vermeiden sein.

II. Die Veränderungen der stickstoffhaltigen Bestandteile der Milch während der Säuerung.

Die sinnfälligste Veränderung der Milch ist bekanntlich die Säuerung. Diese wird hervorgerufen durch die Tätigkeit bestimmter Mikroorganismen, der sog. Milchsäurebildner, welche einen Teil des Milchzuckers der Milch in Milchsäure überführen.

Außer dem Milchzucker erfahren auch die Eiweißstoffe der Milch tiefgreifende Veränderungen durch einen gleichzeitig mit der Säuerung einsetzenden und fortschreitenden Abbau, der zu einer weitgehenden Umlagerung der bestehenden Verhältnisse in den Stickstoffbestandteilen führt. Zum Teil ist für die Entwicklung bestimmter Mikroorganismen die Löslichmachung eines Teils des Milcheiweißes durch peptonisierende Bakterien Voraussetzung. Es kommt daher dem Eiweißabbau bei der Säuerung der Milch eine große Bedeutung zu.

Im folgenden sind die Veränderungen der Stickstoffbestandteile der Milch bei freiwillig säuernder Milch behandelt. Es sollte nicht die Tätigkeit bestimmter Mikroorganismen der Milch hinsichtlich ihres eiweißspaltenden Vermögens untersucht werden, wie *Zaribnicky* und Mitarbeiter es für bestimmte Mikroorganismen durchgeführt haben, sondern es wurde ohne Berücksichtigung der jeweiligen Bakterienflora die in Milch verschiedener Herkunft durch die Säuerung eintretende Bewegung der stickstoffhaltigen Bestandteile der Milch verfolgt. Bei stark gesäuerter Milch ist bezüglich der Methodik der Bestimmung der Stickstoffbestandteile folgendes zu erwähnen.

Bei Bestimmung des Caseins ist darauf zu achten, daß in an und für sich genügend saurem Milieu nicht durch Zugabe weiterer Säure Lösung von Casein durch die Säure eintritt. Näheres findet sich hierüber in dem Abschnitt über Bestimmung des Caseinstickstoffs. Bei den für die Untersuchungen bestimmten, in Flaschen aufbewahrten Milchproben wurde durch kräftiges Verrühren des Inhaltes der Flasche eine gleichmäßige Verteilung des Gerinnsels erzielt, so daß es möglich war, auch bei den zuletzt entnommenen Proben die erforderlichen Milchmengen durch die Pipette noch entnehmen zu können. Letztere wurden dann noch mit destilliertem Wasser nachgespült. Außerdem erwies es sich insbesondere bei fortgeschrittenem Eiweißabbau als zweckmäßig, die benötigten Vergleichslösungen für die Bestimmung der Reststickstoffsubstanzen im Hinblick auf deren reichlichere Menge in größeren Konzentrationen zu verwenden. So wurde für die Aminosäurebestimmung regelmäßig vom 5. Tage der Säuerung ab die Vergleichslösung doppelt so stark genommen, ebenso für Kreatinin und Kreatin; für die Ammoniakvergleichslösung wurde das Dreifache der bisher verwendeten Konzentration gewählt.

Zur Untersuchung gelangte zunächst eine Milchprobe der Kindermilchanstalt Veitshof. Nach Entnahme der für die Untersuchungen benötigten Milchmenge wurde die Probe in dem Eisschrank aufbewahrt. In Hinblick auf die Zeit, welche die Bestimmung der stickstoffhaltigen Bestandteile der Milch erforderte, sollte eine allzu rasche Säuerung der Milch vermieden werden. Am Abend vor der am folgenden Tage vorzunehmenden Entnahme von Milch für die Untersuchungen wurde die

Probe aus dem Eisschrank genommen und bis zum nächsten Morgen bei Zimmertemperatur aufbewahrt. Die Ergebnisse der Versuche sind in der nachstehenden Tab. 27 aufgeführt.

Tabelle 27. *Verlauf des Eiweißabbaues bei der freiwilligen Säuerung der Milch.*
Milchprobe: Kindermilchanstalt Veitshof.

Stickstoffhaltiger Bestandteil der Milch	Untersuchung vorgenommen am					Zu- oder Abnahme in % am 9. Tag
	1. Tag	3. Tag	5. Tag	7. Tag	9. Tag	
Gesamtstickstoff in mg% . .	600,2	600,3	601,0	601,0	600,2	—
Caseinstickstoff in mg% . . .	453,5	452,4	445,9	439,0	432,9	— 4,5
Albuminstickstoff in mg% . .	76,8	76,3	72,3	61,1	46,3	— 39,7
Albumosenstickstoff in mg% .	29,8	30,3	34,9	40,1	43,3	+ 45,3
Peptonstickstoff in mg% . .	25,0	27,3	31,5	36,5	48,3	+ 93,2
Gesamtreststickstoff in mg%	79,4	82,3	94,8	109,6	129,2	+ 62,7
Reststickstoff in mg% . . .	21,5	22,2	23,3	29,2	35,0	+ 67,4
Aminostickstoff in mg% . . .	3,6	4,2	4,6	5,7	6,8	+ 88,9
Ammoniakstickstoff in mg% .	0,9	1,5	2,0	2,8	3,4	+ 277,8
Harnstoffstickstoff in mg% .	9,6	10,1	10,1	11,7	13,5	+ 40,6
Kreatinin in mg%	1,1	1,2	1,5	1,8	1,8	+ 63,6
Kreatin in mg%	1,8	2,0	2,2	2,3	2,4	+ 33,3
Harnsäure in mg%	1,1	1,2	1,3	1,5	2,1	+ 90,9
Säuregrad	6,8	8,3	17,1	27,6	34,4	+ 405,9
Spez. Gewicht	1,033	1,033	1,033	—	—	—
Fettgehalt in %	3,6	3,6	3,6	3,6	3,6	—
Zuckergehalt in mg%	5,13	5,02	4,93	4,69	4,33	— 15,7

Wie aus der Zusammenstellung ersichtlich, ist bereits nach 2 Tagen eine geringe Zunahme des Gesamtreststickstoffes und des Reststickstoffes der Milchprobe zu verzeichnen. Eine erkennbare Mehrung erfuhren vor allem Aminosäurenstickstoff, Ammoniak und Harnstoffstickstoff. Im weiteren Verlauf der Säuerung treten die mit den stickstoffhaltigen Bestandteilen vor sich gehenden Veränderungen immer deutlicher hervor. Die fortschreitende Verminderung der Mengen der genuinen Eiweißkörper einerseits und die Zunahme der durch die Lösung der Eiweißstoffe entstehenden höher- und niedrigmolekularen Eiweißabbauprodukte arderseits läßt sich an Hand der Tabelle gut verfolgen. Prozentual verfällt das hitzekoagulable Eiweiß am stärksten der Hydrolyse 39,7%, während der Caseinstickstoff nur eine Minderung von 4,5% erfährt. Die Gesamteinbuße an genuinem Eiweißstickstoff beträgt 51,1 mg. Relativ bleibt die Zunahme des Stickstoffs der Albumosen- und Peptonfraktion bis zum 7. Tage nahezu die gleiche. Erst vom 7. zum 9. Tag der Säuerung erlangt die Peptonfraktion einen beträchtlichen Vorsprung, so daß die Mehrung des Peptonstickstoffs am Ende des Versuches das Doppelte gegenüber der Zunahme des Albumosenstickstoffs betrug. Demgemäß erfährt auch der Gesamtreststickstoff vom 7. zum 9. Tag seine wesentlichste Zunahme. Relativ ist die Steigerung, die Gesamtreststickstoff und Reststickstoff im engeren Sinne am Ende des Versuchs erreicht haben, nicht wesentlich verschieden, sie ist um etwa 10% bei Reststickstoff höher. Von den Reststickstoffbestandteilen erfuhren einen beträchtlichen Zuwachs insbesondere Ammoniakstickstoff 277,8% und Aminosäurenstickstoff 88,9%. Auch auf die übrigen Komponenten des Reststickstoffs treffen in Anbetracht ihres an und für sich geringen Vorkommens ganz beträchtliche Zunahmen.

Das Bild eines viel intensiveren Eiweißabbaues bietet der Verlauf der Säuerung bei zwei dem Molkereibetrieb entnommenen Sammelmilchproben, deren Analysenergebnisse in Tab. 28 aufgezeichnet sind.

Während es sich bei der der Kindermilchanstalt entnommenen Milchprobe um keimarme Milch (durchschnittlich 30000 Keime pro Kubikzentimeter) mit überwiegend harmlosen, schwach säurebildenden Kokken handelt, ist die bakteriologische Beschaffenheit der Werkmilch des Molkereibetriebes sehr verschieden; im allgemeinen hat man es mit keimreichen bis sehr keimreichen Milchen zu tun, bei denen neben Langstäbchen überwiegend säurebildende Kokken, Streptokokken und Kurzstäbchen vertreten sind. Den höheren Keimzahlen und wahrscheinlich auch der höheren chemischen Leistung der Bakterien entsprechend wurde der Eiweißabbau bei den beiden Sammelmilchproben zu einem Mehrfachen des Ausmaßes gegenüber der Vorzugsmilchprobe getrieben. Auch bei diesen beiden Proben erwies sich das Albumin als am ehesten der Aufspaltung zugänglich; bei Probe I wurden 51,5%, bei Probe II 63,1% des Albuminstickstoffes hydrolysiert; bei der Kindermilchprobe waren es 39,7%. Die Systematik der Proteine zählt die Albumine und damit auch das Milchalbumin zu den „einfachen Eiweißkörpern". Es mag in dieser Eigenschaft in Verbindung mit der leichten Löslichkeit der Albumine in verdünnten Salzlösungen und in Säuren der Grund zu suchen sein, daß das Milchalbumin der enzymatischen und auch der säurehydrolytischen Aufspaltung viel leichter verfällt als der „zusammengesetzte Eiweißkörper Casein". Von diesem sind bei den beiden Sammelmilchproben nur 12,5 bzw. 10,7% hydrolysiert worden. Der Gesamtreststickstoff einschließlich Albumosen- und Peptonstickstoff hatte eine Zunahme bei Sammelmilch I um 113,9%, bei Sammelmilch II um 157,2% erfahren, gegenüber 62,7% bei der Kindermilchprobe. Den größten Zuwachs bei beiden Milchproben hatte die Peptonfraktion erfahren, bei Probe I 184,9%, bei Probe II 280,9% gegenüber 93,2% bei der Vorzugsmilchprobe. Eine ebenfalls sehr beträchtliche Mehrung, wenn auch nicht in dem Maße wie es bei der Peptonfraktion der Fall war, erfuhr die Albumosenfraktion, und zwar betrug die Zunahme 100,7% bei Milch I und 166,6% bei Milch II gegenüber 45,3%

Tabelle 28. *Verlauf des Eiweißabbaues bei der freiwilligen Säuerung der Milch.*
Milchprobe: Sammelmilch der Molkerei.

Stickstoffhaltiger Bestandteil der Milch	Untersuchung vorgenommen am										Zu- oder Abnahme in % am 9. Tag	
	1. Tag		3. Tag		5. Tag		7. Tag		9. Tag			
	Probe I	Probe II	Probe I	Probe II	Probe I	Probe II	Probe I	Probe II	Probe I	Probe II	Probe I	Probe II
Gesamtstickstoff in mg%	531,3	515,3	531,3	516,8	530,9	516,3	532,0	516,1	531,8	516,3	—	—
Caseinstickstoff in mg%	397,1	388,9	395,2	382,4	378,4	370,9	367,7	339,8	347,4	320,4	— 12,5	— 10,7
Albuminstickstoff in mg%	66,6	61,8	66,3	49,6	64,0	26,8	40,8	23,8	32,3	22,8	— 51,5	— 63,1
Albumosenstickst. in mg%	27,3	19,8	27,3	27,8	29,8	47,8	41,1	50,8	54,8	52,8	+100,7	+166,6
Peptonstickstoff in mg%	24,5	26,8	25,3	34,8	41,0	53,1	49,9	74,8	69,8	92,1	+184,9	+280,9
Gesamtreststickst. in mg%	75,3	72,0	80,6	90,0	98,0	130,0	128,4	162,0	161,1	185,2	+113,9	+157,2
Reststickstoff in mg%	21,0	20,9	24,9	25,9	26,9	28,6	29,2	34,1	34,2	38,9	+ 62,8	+ 86,1
Aminostickstoff in mg%	3,2	3,0	3,7	3,4	4,3	5,1	5,8	6,9	7,0	8,1	+118,7	+170,0
Ammoniakstickst. in mg%	0,9	1,1	1,1	1,3	1,4	2,7	2,3	4,2	2,6	4,9	+188,9	+345,4
Harnstoffstickst. in mg%	9,2	9,3	9,7	10,0	10,1	9,4	10,8	9,8	12,3	11,2	+ 33,7	+ 19,3
Kreatinin in mg%	1,4	1,2	1,6	1,3	1,8	1,7	2,0	1,9	2,3	2,0	+ 64,3	+ 66,6
Kreatin in mg%	1,8	1,7	1,9	2,0	2,5	2,4	3,0	2,9	3,1	3,1	+ 72,2	+ 82,3
Harnsäure in mg%	1,3	1,3	1,3	1,7	1,4	2,0	1,4	1,9	1,3	2,0	—	+ 53,8
Säuregrad	5,9	6,6	6,8	16,6	9,6	32,4	28,6	41,0	32,8	41,6	+464,4	+530,3
Spez. Gewicht	1,032	1,032	1,032	1,032	1,032	1,032					—	—
Fettgehalt	4,0	3,8	4,0	3,8	4,0	3,8	4,0	3,8	4,0	3,8	—	—
Zuckergehalt in %	5,09	5,26	5,04	5,07	4,87	4,50	4,37	4,29	4,34	4,26	— 14,7	— 19,0

bei der Vorzugsmilch. Der auffallend hohe Zuwachs an Stickstoff der Peptonfraktion wird verständlich, wenn man unter dem Begriff Peptone nicht mehr die Gesamtheit der Spaltprodukte „als aus nur wenigen Stoffen bestehend" verstanden wissen will, sondern als Peptone im modernen Sinne" ein unentwirrtes Gemisch der verschiedensten Polypeptide und noch unbekannter Stoffe" auffaßt.

Von den Einzelkomponenten des Reststickstoffs haben analog dem Vorgang bei der keimarmen Vorzugsmilch auch bei den beiden Sammelmilchproben Aminosäurenstickstoff und Ammoniakstickstoff den erheblichsten Zuwachs erfahren, und zwar ersterer um 118,7% bei Milch I und um 170% bei Milch II und Ammoniakstickstoff um 188,9 resp. um 345,4%. Die Zunahme der weiteren Bestandteile des Reststickstoffs der beiden Sammelmilchproben bewegte sich in dem Ausmaße wie bei der Vorzugsmilch.

Zusammenfassend läßt sich über die mit der Säuerung der Milch gleichzeitig einsetzende Bewegung der stickstoffhaltigen Bestandteile folgendes sagen: Im allgemeinen bietet die Hydrolyse der Eiweißstoffe der Milch anläßlich deren Säuerung ein ziemlich ähnliches Bild: einerseits stete Abnahme des Casein- und Albuminstickstoffs, wobei der einfache Eiweißkörper Albumin in einem ungleich höheren Ausmaß als das Casein der Zertrümmerung durch die enzymatischen und wahrscheinlich auch säureproteolytischen Kräfte verfällt; andererseits stete Zunahme des Stickstoffs hoch- und niedermolekularer Spaltungsprodukte, polypeptidähnlicher Komplexe verschiedenster Art, unter denen höhere Komplexe, durch ihre Fällbarkeit mit Phosphorwolframsäure bis zu einem bestimmten Grad als chemisch einheitliche Komplexe charakterisiert und als Peptone bezeichnet, überwiegen: Über Polypeptide verschiedenster Art geht die Hydrolyse weiter bis zu den einfachsten Spaltungsprodukten Aminosäuren und Ammoniak; der Aminosäuren- und Ammoniakstickstoff erfahren dabei eine relativ sehr beträchtliche Mehrung. Da mit der enzymatischen Spaltung auch Säureproteolyse Hand in Hand gehen wird, so kann es sich bei dem neu hinzugetretenen Ammoniak um „präformiertes" Ammoniak handeln, präformiert in derselben Weise wie die Aminosäuren im Eiweißmolekül präformiert sind; es braucht also das Ammoniak des Reststickstoffs nicht allein durch Desaminierung von Aminosäuren entstanden sein. Auch die weiteren Bestandteile des Reststickstoffes, wie Harnstoff, Harnsäure, Kreatinin usw. erfahren bei der Säuerung der Milch eine nicht unbeträchtliche Zunahme. Wahrscheinlich erfolgt die Zunahme dieser Körper durch Vorgänge sekundärer Art, sie werden wohl mehr oder weniger als Produkte des Stoffwechsels der Bakterien zu werten sein; so kann z. B. aus dem Arginin über Guanidin das Kreatin entstehen, oder durch Spaltung des Arginins direkt Harnstoff.

Das Ausmaß der Eiweißhydrolyse der Milch wird unter sonst gleichbleibenden Verhältnissen durch die Menge der eiweißlösenden Mikroorganismen und nicht zum wenigsten durch deren chemisches Leistungsvermögen bedingt sein.

Der Eiweißabbau der „Saya"-Milch.

„Saya" stellt ein unter besonderen Bedingungen bereitetes, kaltgereiftes, stark säurehaltiges Sauermilchpräparat dar, dem auf Grund seines hohen Gehaltes an Milchsäure und reichlicher Mengen Kohlensäure, sowie auf Grund der im Verlauf der Gärung eingetretenen intensiven Löslichmachung des Milcheiweißes ein hoher diätetischer Wert zukommt. Da der Reifungsprozeß der „Saya" im Gegensatz zu anderen Sauermilcharten wie Joghurt und Kefir sich über eine Reihe von Wochen erstreckt und bei niederen Temperaturen vor sich geht, so wird der Eiweißabbau bei „Saya" ein anderes Bild gegenüber der Hydrolyse des Milcheiweißes bei der spontanen Säuerung der Milch zeigen.

Für die Untersuchung standen neben frisch bereiteten Proben auch einige ältere Proben zur Verfügung, von denen namentlich 1½ und 18 Jahre alte Proben besonderes Interesse erweckten. Die prozentuale Abnahme des Stickstoffs der genuinen Eiweißkörper bzw. die prozentuale Zunahme des Reststickstoffs konnte bei den Sayamilchproben nicht angegeben werden, da es sich bei jeder Probe um Ausgangsmilch verschiedener Herkunft handelte. Das Ergebnis der Untersuchungen ist in nachfolgender Tabelle verzeichnet.

Tabelle 29. *Eiweißabbau bei Sayagärung der Milch.*

	Alter der Proben			
	vollreif etwa 6 Wochen	4 Monate	1½ Jahre	18 Jahre
Gesamtstickstoff in mg%	480,0	467,0	462,0	541,5
Caseinstickstoff in mg%	293,6	224,4	181,8	80,0
Albuminstickstoff in mg%	19,8	24,9	21,8	13,8
Albumosenstickstoff in mg%	65,5	52,8	39,5	23,3
Peptonstickstoff in mg%	68,5	116,0	149,5	306,6
Gesamtreststickstoff in mg%	182,6	224,0	272,0	455,0
Reststickstoff in mg%	44,6	52,6	73,1	104,0
Aminostickstoff in mg%	11,5	14,3	27,7	34,3
Ammoniakstickstoff in mg%	3,8	4,9	6,9	38,4
Harnstoffstickstoff in mg%	13,7	14,5	13,4	22,1
Kreatinin in mg%	3,2	3,6	6,2	11,0
Kreatin in mg%	4,2	6,0	7,9	13,4
Harnsäure in mg%	2,3	1,8	2,0	0,9
Säuregrad S:H	45,2	60,0	86,0	144,0
p_H	4,10	4,03	3,75	3,83
Fettgehalt in %	4,2	3,2	3,3	2,0

Die bei den jeweiligen Proben angegebenen Werte für Gesamtreststickstoff und dessen einzelnen Komponenten lassen den Umfang und namentlich auch die Tiefe der Proteolyse, die sich bei der Reifung der Saya vollzieht, erkennen. Der beträchtlichste Zuwachs entfällt zweifelsohne wieder auf die Peptonfraktion. Für die Tiefe der Hydrolyse zeugen die bemerkenswert hohen Werte für Aminosäuren- und Ammoniakstickstoff. Am weitesten vorgeschritten ist die Eiweißspaltung bei den beiden ältesten Proben. Die 18 Jahre alte Probe war ungenießbar; Geschmack und Geruch waren außerordentlich bitter und stark ranzig, das Casein auf etwa 1 Viertel des durchschnittlichen Caseingehaltes einer Milch normaler Zusammensetzung vermindert. Sehr weitgehend war bei dieser Probe auch die Zersetzung des Milchfettes vorgeschritten, die sich in einer sehr hohen Ranzidität der Probe zu erkennen gab.

III. Die Bewegung der stickstoffhaltigen Bestandteile der Milch durch Erhitzen der Milch.

Über die Abhängigkeit der Veränderungen der stickstoffhaltigen Bestandteile der Milch von der Temperatur und der Dauer des Erhitzens hat man auch heute noch eine ziemlich unklare Vorstellung. Am besten sind noch die Verhältnisse bei Milchalbumin studiert; es ist dieses verständlich, nachdem das Albumin der typisch hitzekoagulable Eiweißstoff der Milch ist.

Die Angaben über Beginn und Ausmaß der Albumingerinnung der Milch sind sehr widersprechend. Vermutlich wird auch die Hitzekoagulation des Milchalbumins in weit höherem Maße von Elektrolyten und Wasserstoffionen beeinflußt, als man bisher schlechthin angenommen hat. Nach den Angaben von *Weinlig*[18] macht sich die Gerinnung des Albumins schon bei 60° bei einer Erhitzungsdauer der Milch von 10, 20 und 30 Minuten bemerkbar und die prozentuale Verminderung des Albumins ist nach 30 Minuten langem Erwärmen bei 60° recht groß. Sie schwankt nach den Angaben von *Weinlig* zwischen 3,17 und 16,28%, im Durchschnitt beträgt sie 8,5%. Beim Erhitzen der Milch 1 Minute lang auf 80° sind nach Angaben des genannten Autors im Durchschnitt fast 4% des Albumins unlöslich geworden.

Über das Verhalten der weiteren Stickstoffbestandteile der Milch, namentlich des Caseins, welches erst bei Temperaturen von über 100° wesentliche Veränderungen erfährt, — die Verminderung des Labgerinnungsvermögens der Milch beim Erhitzen hängt zum Teil auch von dem Unlöslichwerden gelöster Kalksalze der Milch ab — finden sich im Schrifttum nur wenig Angaben. Viertelstündiges Erhitzen der Milch auf 100° bewirkt nach *Raudnitz* eine geringe Verminderung des durch Essigsäure fällbaren Eiweißstickstoffes, nach Erhitzen auf 140° sind von den ursprünglichen 93,6% Eiweißstickstoff nur noch 76,4% durch Essigsäure fällbar geworden. Der Filtratstickstoff ist dementsprechend von 6,41 auf 23,63% angestiegen. Bei Milch, die $^1/_2$ Stunde auf 130° oder 5 Minuten auf 140° erhitzt worden war, beobachtete *Raudnitz* Gerinnung. Das Gerinnsel erwies sich weder mit Säuregerinnsel noch mit Paracasein identisch.

Für die in Frage kommenden Untersuchungen, Einfluß der Pasteurisierung bzw. der Erhitzung der Milch auf die verschiedenen stickstoffhaltigen Bestandteile der Milch, wurde dauer- und momentpasteurisierte Milch des Molkereibetriebes verwendet. Weiterhin wurden Proben einer großen Sammelmilch auf Kochtemperatur und auf 115° erhitzt und dann zur Untersuchung genommen. Die Ergebnisse sind in der Tab. 30 verzeichnet.

Tabelle 30. *Die Veränderungen der stickstoffhaltigen Bestandteile der Milch beim Erhitzen der Milch.*

Stickstoffhaltiger Bestandteil der Milch	Erhitzungstemperatur					Zu- oder Abnahme beim Erhitzen der Milch auf 115° %
	Rohmilch	63°	85°	Kochtemperatur	115°	
Gesamtstickst. in mg%	540,4	537,8	537,3	540,5	537,2	—
Caseinstickstoff in mg%	348,3	335,6	347,8	383,0	390,6	+ 12,1
Albuminstickstoff in mg%	75,7	71,7	53,3	13,9	8,0	− 89,5
Albumosenstickst. in mg%	44,6	46,0	45,7	42,4	36,4	− 18,4
Peptonstickstoff in mg%	45,2	59,4	60,0	66,0	68,4	+ 51,3
Gesamtreststickst. in mg%	123,6	138,0	148,6	152,0	160,0	+ 29,4
Reststickstoff in mg%	31,1	32,6	35,0	37,8	41,1	+ 32,1
Aminostickstoff in mg%	4,1	4,2	4,4	5,4	5,5	+ 34,1
Ammoniakstickst. in mg%	1,1	1,3	1,4	1,5	1,6	+ 45,4
Harnstoffstickst. in mg%	13,8	14,4	15,8	15,9	17,4	+ 26,1
Kreatinin in mg%	2,4	2,6	2,6	3,0	2,8	+ 16,7
Kreatin in mg%	3,4	3,6	3,6	4,0	3,7	+ 8,8
Harnsäure in mg%	2,8	2,4	2,4	2,8	2,6	—
Säuregrad	8,0	7,8	7,8	8,4	8,4	—
Spez. Gewicht	1,031	1,031	1,032	1,032	1,032	—
Fettgehalt in %	3,8	3,8	3,8	3,7	3,7	—
Zuckergehalt in %	4,11	4,09	4,08	4,10	4,0	− 2,6

Wie aus der Zusammenstellung ersichtlich, erfährt der Albuminstickstoff der Milch eine mit der Höhe der Erhitzungstemperatur gleichsinnig verlaufende Verringerung. Bei der dauerpasteurisierten Milch ist diese noch relativ gering, 5,3%, beträchtlich höher bei der hochpasteurisierten Milch, 29,6% und noch höher bei der gekochten Milch, 81,6%; beim Sterilisieren der Milch ist das Albumin bis auf einen kleinen Anteil koaguliert worden, 89,4% des Albumins sind unlöslich geworden. Während bei der Dauer- und Momentpasteurisierung der Albumosenstickstoff noch etwas zunimmt, tritt beim Erhitzen der Milch auf Koch- und Sterilisationstemperatur ein merklicher Rückgang des Albumosenstickstoffs ein. Die Peptonfraktion erfährt dagegen eine mit zunehmender Erhitzungstemperatur gleichsinnig verlaufende Vermehrung, die sich natürlich auch in der Zunahme des Gesamtreststickstoffs ausdrückt. Diese beträgt für dauerpasteurisierte Milch 10,4%, für momentpasteurisierte Milch 16,9%, für gekochte Milch 18,6% und für sterilisierte Milch 22,8%. Die Zunahme des Gehaltes der erhitzten Milchen an den Einzelkomponenten des Reststickstoffs, hauptsächlich an Amino-,

Ammoniak- und Harnstoffstickstoff ist erkennbar. Die Werte für Caseinstickstoff verzeichnen bei höheren Temperaturen ebenfalls eine beträchtliche Zunahme; diese ist jedoch nur eine scheinbare, der Gang der Analyse brachte es mit sich, daß ein Teil des hitzekoagulierten Albuminstickstoffs mit dem Caseinstickstoff bestimmt wurde.

Die einschneidendste Veränderung erleidet somit das Albumin. Mit der Hitzegerinnung des Albumins hatte sich *O. Rahn*[19] befaßt und dabei festgestellt, daß der sog. Temperaturkoeffizient, die Wärmebeschleunigung, mit steigender Temperatur abnimmt, ein Beweis, daß die Albumingerinnung der Milch nicht normal verläuft. *Rahn* führte diese Erscheinung auf Hydrolyse eines Eiweißstoffes zurück, der beim Erhitzen der Milch auf höhere Temperaturen unlöslich geworden, nun gleichzeitig einer Art milder Hydrolyse verfällt. Letztere kann natürlich auch bei Temperaturen unter 100° vor sich gehen, wirkt reaktionsstörend und erweckt den Eindruck eines anormalen Verlaufs der Gerinnung. Die vorstehenden Untersuchungsergebnisse bestätigen die Ansicht *Rahns*. Das Milchalbumin wird beim Erhitzen nicht nur koaguliert, sondern zum Teil auch hydrolysiert und seine Hydrolysenprodukte bedingen wohl in erster Linie die Erhöhung des Peptonstickstoffes und wahrscheinlich auch eines Teils der weiteren stickstoffhaltigen Bestandteile der erhitzten Milchproben. Im günstigsten Falle vermochte *Rahn* nach seinen Angaben 72% Albumin bei 10 Minuten langem Erhitzen der Milch auf 100° zu koagulieren. Nach unseren eigenen Befunden konnten wir eine Verringerung des Albuminstickstoffs um 81,6% beim Kochen der Milch feststellen. Von wesentlichem Einfluß auf die Menge des beim Erhitzen koagulierten Albumins mag, wie bereits erwähnt, die Elektrolytkonzentration der jeweiligen Milchprobe sein. Eine völlige Koagulation des Albumins trat aber nach unseren Beobachtungen selbst beim Sterilisieren der Milch (115°) nicht ein. Auch *Raudnitz* weist bereits darauf hin, daß ein bestimmter Teil des hitzekoagulablen Eiweißes der Milch überhaupt nicht zur Gerinnung zu bringen ist. Nach der Ansicht genannten Autors spalten sich aus diesem Eiweißrest wahrscheinlich der Schwefelwasserstoff und das Mercaptan ab, welche sich zuweilen beim Kochen der Kuhmilch, nicht aber beim Kochen der Menschenmilch entwickeln. *Eichloff* erbrachte dann allerdings den Beweis, daß stets und nicht nur beim Kochen der Milch über freier Flamme, sondern schon beim längeren Stehen der Milch in kochendem Wasser Ammoniak, Schwefelwasserstoff und gasförmige Phosphorverbindungen entstehen, und zwar in solchen Mengen, daß sie sich quantitativ bestimmen lassen. Wir konnten eine Zunahme des Ammoniakstickstoffes um 31% beim Erhitzen der Milch auf Kochtemperatur feststellen.

Die durch Erhitzen der Milch stets auftretenden Veränderungen der stickstoffhaltigen Bestandteile der Milch sind unter den gewählten Versuchsbedingungen am geringfügigsten bei Einwirkung einer Temperatur von 63° während 30 Minuten auf die Milch. Gegenüber den weit intensiveren Veränderungen, die bei der Hochpasteurisierung mit den stickstoffhaltigen Bestandteilen der Milch vor sich gehen, ist damit die Dauerpasteurisierung auch tatsächlich die schonendste Art der Pasteurisierung der Milch.

Zusammenfassung.

1. Vorliegende Arbeit verfolgte den Zweck, Einblick in die Menge und Art der stickstoffhaltigen Bestandteile der Milch sowie in die Veränderlichkeit und Bewegung der letzteren bei normaler Sekretion bzw. in Fällen, wie sie zum Teil bei der Verarbeitung der Milch vorliegen, zu geben. Zu diesem Behufe wurde zunächst unter Verwendung bisheriger diesbezüglicher Angaben der Literatur eine entsprechende Methodik für die quantitative Bestimmung der einzelnen Stickstoffbestandteile ausgearbeitet.

2. Auf Grund der Ergebnisse ist man auch beim System Milch berechtigt, analog den Verhältnissen beim Blut von einem Reststickstoff der Milch zu sprechen. Dieser umfaßt die Gesamtheit aller nichteiweißartigen, stickstoffhaltigen Bestandteile der Milch. Er stellt in diesem Sinne den „eigentlichen Reststickstoff" dar und besteht vorwiegend aus molekular dispersen, stickstoffhaltigen Körpern wie Aminosäuren, Ammoniak, Harnstoff, Kreatin, Kreatinin und Harnsäure. Daneben ist es aber auch angängig von einem Reststickstoff der Milch im „weiteren Sinne des Wortes" zu sprechen, der neben den bereits erwähnten, eigentlichen Reststickstoffsubstanzen noch stickstoffhaltige Bestandteile eiweißartiger Natur wie die Albumosen und Peptone in sich vereinigt.

3. Die Menge des Reststickstoffes hängt aufs innigste mit der Art der Enteiweißung der Milch zusammen. Es wurde eine Reihe eiweißfällender Reagenzien daraufhin untersucht. Die zweckmäßigste Enteiweißung der Milch wurde mittels Natriumwolframat und Trichloressigsäure erzielt, wobei allerdings auch mit einer teilweisen Ausfällung von Hexonbasenstickstoff zu rechnen ist. Der nach Enteiweißung mit diesem Reagens verbleibende Wert für Reststickstoff kann als „Reststickstoff im engeren Sinne des Wortes" bewertet werden. Er wurde im Mittel bei Milch normaler Zusammensetzung zu 23 mg% befunden. Des weiteren erwies sich das Essigsäure-Hitzeserum als geeignetes Serum zur Bestimmung des „Reststickstoffes im weiteren Sinne des Wortes", da dieser außer den eigentlichen Reststickstoffbestandteilen auch noch Stickstoffkörper eiweißartiger Natur umfaßt. Für die Bestimmung des Gehaltes einer Milch an Reststickstoff im Rahmen der Milchkontrolle ist das Essigsäure-Hitzeserum das geeignetste. Der Gehalt normaler Milch an Reststickstoff im weiteren Sinne des Wortes betrug im Durchschnitt 71 mg%.

Das Natriumwolframat-Trichloressigsäureserum der Milch eignet sich vorzüglich zur Harnsäurebestimmung, das Essigsäure-Hitzeserum zur Bestimmung weiterer Reststickstoffkomponenten, wie Aminosäuren-, Harnstoff- und Ammoniakstickstoff.

4. Um die Verteilung des Stickstoffes der Milch auf deren verschiedene stickstoffhaltige Bestandteile kennenzulernen, wurden verschiedene Proben von Sammelmilch (Werkmilch) sowie Proben von Einzelgemelken nach einem bestimmten Schema analysiert. Dabei wurden für Sammelmilch im Durchschnitt nachstehende Werte für die Komponenten des Gesamtreststickstoffes ermittelt: Albumosenstickstoff 27 mg%, Peptonstickstoff 18 mg%, Aminosäurenstickstoff 4,7 mg%, Kreatinin 1,7 mg%, Kreatin 2,2 mg%, Ammoniakstickstoff 1,0 mg%, Harnstoffstickstoff 10,5 mg% und Harnsäure 1,4 mg%. Proben von Einzelgemelken (Milch der Kindermilchanstalt Veitshof) ergaben: Albumosenstickstoff 30,7 mg%, Peptonstickstoff 22,9 mg%, Aminosäurenstickstoff 3,7 mg%, Kreatinin 2,0 mg%, Kreatin 3,0 mg%, Ammoniakstickstoff 1,2 mg%, Harnstickstoff 12,6 mg% und Harnsäure 2,1 mg%. Wie aus der Zusammenstellung ersichtlich, weisen die Proben der Vorzugsmilch gegenüber den Sammelmilchproben bei annähernd gleichem Gehalt an Gesamtstickstoff durchwegs höhere Werte für sämtliche stickstoffhaltige Bestandteile der Milch auf. Es ist naheliegend, diese Erscheinung auf die zur Zeit der Entnahme der Vorzugsmilchproben vorherrschende Verfütterung von Silage zurückzuführen; die Frage bedarf weiterer Klärung durch eingehendere Versuche.

5. Um die Bewegung der stickstoffhaltigen Bestandteile der Milch bei deren Säuerung zu verfolgen, wurden Milchproben der Selbstsäuerung überlassen und in Zwischenräumen von 2 Tagen die Stickstoffkörper quantitativ bestimmt. Als Ergebnis dieser Versuche wurde festgestellt, daß entsprechend dem fortschreitenden Abbau der Eiweißkörper eine zum Teil sehr wesentliche Zunahme der Werte der meisten Komponenten des Reststickstoffes, insbesondere des Polypeptidstickstoffs stattfindet. Nach 9 tägiger Dauer der Säuerung ergab sich folgendes Bild: Casein und Albumin erfuhren eine Abnahme bis um 21 bzw. 171%; dagegen war eine Zunahme zu verzeichnen bei dem Aminosäurenstickstoff um 170%, bei Kreatinin 67%, bei Kreatin 82%, bei dem Ammoniakstickstoff 345%, bei dem Harnstickstoff 41%. Der Gehalt an Harnsäure blieb im großen und ganzen unverändert.

6. Um die durch die Erhitzung der Milch bedingten Veränderungen hinsichtlich der stickstoffhaltigen Bestandteile kennenzulernen, wurden Milchproben auf verschiedene Temperaturen erhitzt: eine halbe Stunde lang auf 63° (dauerpasteurisierte Milch), auf 85° (hocherhitzte Milch), auf Kochtemperatur sowie im Autoklaven auf 115°. Die Ergebnisse der Analyse wurden mit denen einer nichterhitzten Probe verglichen.

Die Versuche zeigten, daß mit der Steigerung der Erhitzungstemperatur, abgesehen von der Gerinnung des hitzekoagulablen Eiweißes, auch teilweise Hydrolyse eintritt, Albumin- und Albumosenstickstoff erfuhren eine Verringerung des Wertes um 846% bzw. 22,5%. Dagegen wiesen Peptonstickstoff eine Zunahme um 51%, Aminosäurenstickstoff eine solche von 34%, Kreatinin 17%, Kreatin 9%, Ammoniakstickstoff 45% und Harnstoffstickstoff 26% auf.

Die vorliegende Arbeit wurde in der Chemisch-Physikalisch-chemischen Abteilung der Südd. Versuchs- und Forschungsanstalt für Milchwirtschaft Weihenstephan in der Zeit vom Dezember 1926 bis Mai 1928 verfertigt. Außer dem Vorstand, Herrn Staatsminister Prof. Dr. *Fehr*, bin ich dem Leiter der Abteilung, Herrn Hauptkonservator Dr. *Kieferle* für die liebenswürdige Überlassung des Themas sowie die weitgehende Unterstützung und Anregungen zu Dank verpflichtet.

Literaturverzeichnis.

[1] *Grimmer, W., C. Kurtenacker* u. *R. Berg*, Zur Kenntnis der Serumeiweißkörper der Milch. Biochem. Z. **137** (1923). — [2] *Bleyer, B.* u. *O. Kallmann*, Beiträge zur Kenntnis einiger bisher wenig studierter Inhaltsstoffe der Milch (Kuhmilch) I. Biochem. Z. **153** (1924). — [3] *Pfyl*, Herstellung von Tetraseren. Arb. ksl. Gesdh.amt **40** (1912). — [4] *Weiß, J.*, Schweiz. Mitt. a. d. Geb. d. Nahrungsmitteluntersuchung 12 (1921). — [5] *Denis, W.* u. *A. S. Minot*, J. of biol. Chem. **37**, 353 (1919). — [6] *Pichon, J.* u. *E. Vendeuil*, Sur les aminoacides du lait. Bull. Sci. pharmacol. **28**, 360 und 404 (1921). — [7] *Mader, A.*, Die essentiellen Aminosäuren in der Kuh- und Frauenmilch. Jb. Kinderheilk. **101**, 281 (1923). — [8] *Lisk, H.*, A quantitative determination of the ammonia, aminonitrogen etc. J. Dairy Sci. **7**, 74 (1924). — [9] *Viale, G.* u. *A. Rabbeno*, Analytische Untersuchungen über das Altern kondensierter Milch. Biochimica e Ter. sper. **8**, 325 (1921). — [10] *Spirito, F.*, Sul contenuto in amino-acidi del latte. Ber. Physiol. **38** (1927). — [11] *Folin, O.* u. *H. Wu*, A system of blood analysis. J. of biol. Chem. **1917**. — [12] *Mandel, J.* u. *H. Steudel*, Minimetrische Methoden der Blutuntersuchung. Berlin und Leipzig: Walter de Gruyter u. Co. 1924. — [13] *Folin, O.* u. *Bell*, J. of biol. Chem. **29**, Nr 2 (1917). — [14] *Morimoto, Y.*, The urea content of cow's milk. J. of Biochem. **1**, 69 (1922). — [15] *Euler, H.*, Chemie der Enzyme, 2. und 3. Aufl. München: J. F. Bergmann 1927. — [16] *Summer, J. B.* u. *D. B. Hand*, Krystallisiert Urease? Ref. Naturwiss. **1928**. — [17] *Reif, G.*, Über eine neuartige Anwendung der Phosphorwolframsäure zur Bestimmung der Harnsäure in Milch und Blut. Biochem. Z. **161**, 128 (1925). — [18] *Weinlig, A.*, Physikalische und chemische Veränderungen der Milch beim Pasteurisieren. Forschgn a. d. Geb. d. Milchwirtsch. u. Molkereiwesens **2**, 127 (1922). — [19] *Rahn, O.*, Die Bedeutung des Temperaturkoeffizienten für das Studium der Milchpasteurisierung. Milchwirtsch. Forschgn **2**, 373 (1925).

If you have any concerns about our products,
you can contact us on
ProductSafety@springernature.com

In case Publisher is established outside the EU,
the EU authorized representative is:
**Springer Nature Customer Service Center GmbH
Europaplatz 3, 69115 Heidelberg, Germany**

Printed by Libri Plureos GmbH
in Hamburg, Germany